Das Buch

Es gibt diese besonderen Momente, in denen uns etwas klar wird, in denen wir einen Zusammenhang erkennen oder ein Rätsel lösen. In diesen Augenblicken taucht es auf: das Lachen der Erkenntnis.

In seinem zweiten Buch blickt Ranga Yogeshwar nicht nur auf interessante Rätsel des Alltags, sondern fragt auch, wie wir denken, wie wir fühlen oder handeln. Wie wirken Vorurteile? Wieso haben wir solche Angst vor Risiken? Warum können Fehler manchmal auch gut sein?

Bei seiner Suche nach Antworten schreckt der Autor auch vor Selbstversuchen nicht zurück: Wie reagiert der Körper auf Schlafentzug? Was passiert beim Tiefenrausch? Diese persönlichen Erfahrungen, gepaart mit humorvollen Anekdoten, bereichern den Weg des Lesers zur Erkenntnis.

Auch in seinem neuen Buch beantwortet Ranga Yogeshwar Fragen aus allen Bereichen des Lebens – und lädt dazu ein, selbst welche zu stellen!

Der Autor

Ranga Yogeshwar, geboren 1959, Physiker, leitete bis 2008 die Programmgruppe Wissenschaft beim WDR, seitdem ist er als freier Journalist und Autor tätig. Er entwickelte zahlreiche Sendungen, in denen Wissenschaft populär vermittelt wird, und moderiert unter anderem »Quarks & Co«, »Die große Show der Naturwunder« und »Wissen vor 8«. Ausgezeichnet mit zahlreichen Preisen, darunter der Georg-von-Holtzbrinck-Preis für Wissenschaftsjournalismus (1998), der Grimme-Preis (2003) und der Preis als Journalist des Jahres – Kategorie Wissenschaft (2007), wurde ihm 2009 die Ehrendoktorwürde der Universität Wuppertal verliehen. Im Jahr 2007 erhielt er das Bundesverdienstkreuz. Sein Buch »Sonst noch Fragen?« (KiWi 1103) ist ein Bestseller und wurde bereits in viele Sprachen übersetzt.

Ranga Yogeshwar

Ach so!

Warum der Apfel vom Baum fällt
und weitere Rätsel des Alltags

Mit Illustrationen des Autors

Kiepenheuer & Witsch

MIX
Papier aus verantwor-
tungsvollen Quellen
FSC® C014496

Verlag Kiepenheuer & Witsch, FSC-N001512

4. Auflage 2010

Umschlaggestaltung: Barbara Thoben, Köln
Umschlagmotiv: © version-foto
© Für die aus der Sendung »Wissen vor 8« übernommenen
Buchinhalte: Das Erste/WDR, Köln 2010
Agentur: WDR mediagroup licensing GmbH
Gesetzt aus der Minion und Syntax
Satz: Felder KölnBerlin
Druck und Bindearbeiten: GGP Media GmbH, Pößneck
ISBN 978-3-462-04265-8

Inhalt

Warum kann Mehl explodieren?
Aufgepasst: Kleine und große Katastrophen

Warum soll man Blumen anschneiden?
Naturgeheimnisse: Pflanzen, Tiere und Menschen

Warum ist der Luftdruck in einem Fahrradreifen höher als im Autoreifen?
Ausgerechnet: Die Physik des Lebens

Warum schwimmt ein tonnenschweres Schiff?
Auf den Weg gebracht: Wie wir vorankommen

Was hat Politik mit Kuscheltieren zu tun?
Auf den Punkt gebracht: Woher die Wörter kommen

Sollte man bei kleinen Wunden ein Pflaster benutzen?
Was in uns vorgeht: Körper & Geist

Was haben Tulpen mit der Finanzkrise zu tun?
Ausgesucht: Menschliches und Allzumenschliches

Für Uschi, du weißt warum ...

Vorwort

Während ich dieses Buch schrieb, habe ich mir mehr als einmal gewünscht, dass es nur einem einzigen Thema gewidmet sei. Ich hatte mir aber fest vorgenommen, viele Fenster in die unterschiedlichsten Themenfelder aufzustoßen. Von der Kunst des Eierkochens, der Physik des durchsichtigen Glases, der Saugfähigkeit von Babywindeln, bis hin zu den Konsequenzen der Nutzung digitaler Medien. Jedes Thema packte mich irgendwann, und immer wieder erfüllte mich bei meinen Recherchen nach einiger Zeit ein tiefes Glücksgefühl. Das Eintauchen in einen Inhalt kann zur Sucht werden, und mit der Zeit will man immer mehr verstehen.

Jeder, der sich einmal ernsthaft mit einem Thema auseinandergesetzt hat, wird verstehen, wie schwer es mir danach fiel, etwas wegzulassen. Die Kürze der Kapitel mahnte zur Disziplin, und ich fühlte mich manchmal wie ein Verräter des Inhalts, denn das jeweilige Thema hatte doch noch so viel mehr zu bieten! Viele der Themen sind mir im Rahmen meiner Vorbereitungen zu den Fernsehsendungen »Quarks & Co«, »Die große Show der Naturwunder«, »Kopfball« und natürlich dem Kurzformat »Wissen vor 8« begegnet, und auch im Kontext dieser Produktionen hieß es für mich: »Weglassen!« Es war eine ständige Herausforderung: Wo sollte ich beim jeweiligen Thema die Prioritäten setzen, auf welchen Aspekt konnte ich verzichten, und wie ließ sich ein komplexer Inhalt dennoch so vereinfachen, dass er verständlich wurde, ohne seine Seele zu verlieren? Wie kann man sowohl dem Laien als auch dem Experten unter den Lesern gerecht werden?

Durch die intensive Zusammenarbeit mit meinen Kollegen habe ich viel gelernt. Aus unseren engagierten Diskussionen sind im Laufe der Zeit Freundschaften hervorgegangen. Ich darf mich glücklich schätzen, dass diese großartigen Redakteure und Autoren, aber auch viele aufmerksame Zuschauer und Leser mir immer wieder mit guten Ratschlägen und kritischen Einwänden bei der Kunst des »Weglassens« geholfen haben.

Ebenso danke ich den wunderbaren Mitarbeitern des Verlagshauses Kiepenheuer & Witsch für die Herzlichkeit und für ihr großes Vertrauen, mit dem sie mich durch die unterschiedlichen Phasen der Buchentstehung begleitet haben. Mein Lektor Martin Breitfeld hat mich auch dieses Mal mit großer Offenheit und wertvollen Anmerkungen unterstützt. Allen ein festes Dankeschön!

Dieses Buch entstand nicht etwa auf einer einsamen Insel oder an einem entfernten Rückzugsort, sondern inmitten meiner sehr lebendigen Familie. Die ungezügelte Lebensfreude unserer Kinder, ihr Temperament, ihre Sensibilität und ihre kompromisslose Kreativität sind mir ein permanenter Stimulus. Sie zeigen mir täglich auf liebevolle und überraschende Weise, was es bedeutet, unsere Welt mit offenen und neugierigen Augen zu betrachten. Meine Frau Uschi hat zudem jeden meiner Gedanken in diesem Buch begleitet. In Momenten eigener Unsicherheit war sie es, die mit sicherem Instinkt einen ausschlaggebenden Ausweg entdeckte, und mit bewundernswerter Klarheit half sie mir, meine Ideen zu ordnen. Sie durchlebte und teilte mit mir alle Entstehungsphasen dieses Buches, und so beschenkte sie mich mit einer weiteren Etappe der Gemeinsamkeit auf unserem aufregenden Lebensweg.

Ranga Yogeshwar, Hennef im Sommer 2010

Warum drehen sich Knödel im Topf?

Ausgekocht: Küchengeheimnisse

Warum drehen sich
Knödel im Topf?

1 Fast täglich erhalte ich Post von Menschen, die ich nicht kenne. Manchmal schicken sie mir seitenlange Abhandlungen über neuartige und unbekannte Phänomene, geheime, aber angeblich vielversprechende Patente oder aber Beweise, dass Albert Einstein mit der Relativitätstheorie offensichtlich doch unrecht hatte. Nicht selten ermahnen mich die Autoren schon auf der ersten Seite, dass ihre Erkenntnisse den Lauf unserer Welt verändern werden. Was folgt, sind komplizierte Skizzen, unkonventionelle Rechnungen und abenteuerliche Argumentationen. Bisweilen verlassen dann die leidenschaftlichen Erfinder mit einem gefährlichen Halbwissen den Boden physikalischer Gesetze.

Besonders häufig erhalte ich nicht enden wollende Anleitungen für die Konstruktion eines Perpetuum mobile, einer Maschine, welche auf wundersame Weise unendliche Energie aus dem Nichts produziert. Wie verlockend und unglaublich ist da die Vorstellung, man könne damit auf einen Schlag die Energieprobleme dieser Welt lösen? Es wundert also nicht, dass das Perpetuum mobile immer wieder die Phantasie selbsternannter Erfinder beflügelt.

Doch eines Tages schrieb mir ein älterer Herr und schilderte mir ein sonderbares Phänomen, mit der Bitte um Aufklärung. Zum Glück war das Schreiben kurz und beinhaltete dieses Mal keinen Versuch, die Energieprobleme der Welt für immer zu lösen. Vielmehr ging es um eine einfache Frage: Warum drehen sich Knödel im Topf?

Knödel und Klöße sind überall beliebt, und es gibt sie in einer unglaublichen Vielfalt: Kartoffelklöße, Thüringer Klöße, Germknödel, Hefeklöße – die kocht meine Schwiegermutter besonders gut – und last but not least Karl Valentins bekannte »Semmelnknödeln«.

Allen gemeinsam ist eine Eigenschaft: Sie sind rund, und genau hierin liegt wohl die Lösung des Rätsels.

Wenn ein runder Knödel im Wasser schwimmt, dann kennt er kein »oben« und »unten«, denn durch die runde Form bleibt der Schwerpunkt immer an derselben Stelle, egal wie man den Knödel dreht. Genauso wie einen Ball im Wasser kann man ihn leicht drehen und benötigt hierfür kaum Kraft.

Im kochenden Wasser oder siedenden Fett bilden sich jedoch im Knödel kleine Bläschen. Die perfekt symmetrische Form wird dadurch leicht gestört. Da die Unterseite völlig ins Wasser eingetaucht ist, können sich die Bläschen dort aufgrund der höheren Temperatur stärker ausdehnen. Bläschen, die vom Boden des Kochtopfs aufsteigen, haften an der Unterseite des Knödels und bewirken einen leichten Auftrieb. Die kleinen Kräfte reichen aus, um den runden Knödel zu drehen. Jetzt taucht aber eine andere Partie ein, die vorher aus dem Wasser ragte. Sie wird plötzlich stärker erhitzt, die Bläschen dehnen sich aus, und erneut dreht sich der Knödel im Topf. Wenn der Topf offen ist, wird das Drehen noch verstärkt, denn unmittelbar über dem kochenden Wasser ist es kälter. Diese Temperaturdifferenz reicht aus, um die Drehbewegung weiterzutreiben.

Etwas Ähnliches kann man übrigens auch beim Abschmelzen von Eisbergen beobachten. Auch hier kommt es durch das Abschmelzen zu einer ständigen Verschiebung des Schwerpunktes, und so dreht sich der schmelzende Eisberg wie von Geisterhand im Wasser.

Der drehende Knödel im Topf bewegt sich durch minimale Änderungen der Dichte und wird damit zu einem thermodynamischen Gebilde. Durch die Expansion von Gasen wird mechanische Arbeit geleistet, wie bei einem Motor. Es gibt übrigens Parallelen zwischen dem drehenden Knödel und so manchem Perpetuum mobile: Dieses besteht häufig aus Rädern, die sich durch minimale Temperaturunterschiede an einer Seite ausdehnen und so zu drehen beginnen. Doch bevor Sie jetzt der Idee erliegen, man könne die Welt durch selbstdrehende Knödelmaschinen retten: Auch beim Knödel gelten die klassischen Gesetze der Physik!

Warum bildet sich Haut auf der erhitzten Milch?

2 »Ihhh ... !« Der Blick in die Tasse wirkt verzweifelt, und im ersten Moment könnte man meinen, im frischen Kakao der Tochter schwimme etwas Entsetzliches. »Das ist doch nicht schlimm, das ist nur die Haut auf der Milch«, schüttelt Opa verständnislos den Kopf. In den folgenden Minuten gibt es eine ausgiebige Diskussion über den Ekel mancher Menschen vor der dünnen Hautschicht auf der Milch oder dem Pudding. Oma findet die Puddinghaut besonders lecker, und Opa erzählt irgendwann vom Krieg und dass es damals nichts zu essen gab. Die Eltern versuchen mit vorgetäuschtem Verständnis die Kleine zu beruhigen. Mit einem Sieb wird der Kakao gefiltert, doch es bleiben kleine Flocken im Getränk übrig. Am Ende wird Großvater den Kakao trinken, und Töchterchen bekommt eine neue Tasse.

Haut auf der Milch ist in vielen Familien ein Thema. Mancher ekelt sich regelrecht vor dem glitschigen Etwas. Der in den vergangenen Jahren in Mode gekommene Milchschaum hingegen gilt als köstlich und schick. Dabei ist er im Grunde nichts anderes.

Milch ist eine sehr nahrhafte Flüssigkeit. Immerhin ernähren wir uns zu Beginn des Lebens ausschließlich davon. Nicht nur für uns, sondern für alle Säugetiere ist sie das Lebenselixier der ersten Monate oder Jahre. Neben Wasser enthält frische Milch Fett, Milchzucker und zu etwa 3,5 Prozent Eiweißstoffe, sogenannte Kaseine und Molkeproteine.

Wenn wir genau hinsehen, können wir einige dieser Bestandteile sogar erkennen: Lässt man frische Milch ruhig stehen, entdeckt man auf der Oberfläche kleine Öltröpfchen, das Milchfett.

Wird die Milch nun erhitzt, dann verändert sich vor allem die Struktur der Eiweißstoffe. Die mikroskopisch kleinen fadenförmigen Moleküle sind anfangs zu kleinen Kügelchen aufgerollt, die wie Wollknäuel aussehen, und schwimmen frei in der Milch. Mit steigender Temperatur beginnen sie sich zu entfalten. Bei etwa 75 °C wird die Knäuelstruktur aufgehoben.

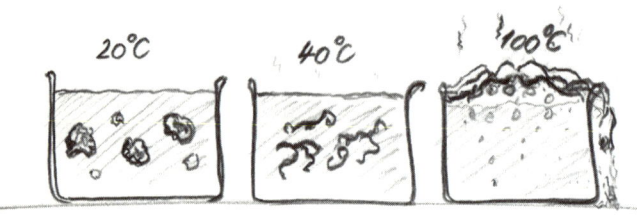

Etwas Ähnliches sieht man beim Eiweiß: Auch hier handelt es sich um ein mehrfach ineinandergefaltetes Protein, das sich beim Erhitzen verändert und fest wird. Das Eiweiß denaturiert, wie der Fachmann sagt.

Übrigens: In unserem Blut finden sich ebenfalls jede Menge Eiweißstoffe, und bei extrem hohem Fieber kann es daher gefährlich werden. Ab 42 °C verändern auch diese Eiweißmoleküle ihre Struktur, und somit sterben lebenswichtige Körperzellen, was für den Patienten tödlich enden kann.

Zurück zur Milch auf dem Herd: Sobald sich die Molekülfäden »entknäueln«, geben sie viele Stellen frei, an denen andere Fäden ansetzen können, und so bildet sich schnell ein feines und festes Netz aus Eiweißstoffen, in das sich die oben schwimmenden Fetttröpfchen einlagern. Wann und wie dieses Netz entsteht, hängt von einer ganzen Reihe von Faktoren ab: vom Fett- und Eiweißgehalt der Milch, vom Grad der Homogenisierung und auch vom Prozess des Abkühlens an der Oberfläche.

Da dieses Eiweiß- und Fettnetz leichter ist als Wasser, schwimmt es oben, wodurch auf der heißen Milch eine Haut entsteht[1]. Beginnt nun die Milch unter dieser Haut zu kochen, dann steigen unentwegt Wasserdampfbläschen von unten nach oben, die von der feinen Haut festgehalten werden. Da immer mehr Bläschen nachrücken, drücken sie die Haut nach oben, und die Milch kocht irgendwann über.

Wenn man hingegen mit dem Schneebesen kräftig rührt, wird die Haut ständig zerstört, und das gefürchtete Überkochen bleibt aus.

Bei der geschäumten Cappuccino-Milch sorgt eben jene Haut dafür, dass der Schaum stabil bleibt und nicht so schnell in sich zusammenfällt. Beim Schäumen werden jede Menge Luftbläschen in den Eiweißnetzstrukturen der Milch eingeschlossen.

Der geliebte Milchschaum ist also eigentlich nichts anderes als Haut mit eingeschlossenen Luftbläschen. Die Flocken im Kakao und der Schaum auf dem Cappuccino sind im Prinzip dasselbe.

Wir Menschen verhalten uns schon etwas seltsam, oder? Gleicher Inhalt, nur eine andere Form – und schon sagen wir anstatt »Ihhh«: »Mhhh, lecker!«

Was passiert
beim **Popcorn?**

3 Heutige Kinoparks hinterlassen in mir das entwürdigende Gefühl von Massentierhaltung. In langen Schlangen wird man als Besucher an piepsenden Kassen vorbeigeschleust, und bevor man in Kino 5 mit einem überlangen Werbeblock konfrontiert wird, zieht die Herde zunächst vorbei am Popcornstand. Allein die Portionsgrößen haben inzwischen solch drastische Ausmaße angenommen, dass ich mich immer wieder frage, wie ein Normalsterblicher einen prallgefüllten Eimer während eines einzigen Spielfilms verdrücken kann. Wie auch immer – in der darauffolgenden Stunde wird geschossen, geknistert und gekaut, und am Ende überlebt zwar der Held, aber der Eimer ist leer. Wundersame Filmwelt!

Im Gegensatz zu den Kinositzen besteht Popcorn nicht aus aufgeschäumtem Kunststoff, sondern aus geschäumter Stärke, ist also das Ergebnis von geplatzten (platzen = to pop) Körnern (= corn). Hergestellt wird es aus einem speziellen Puffmais, der einen höheren Wasseranteil hat als der normale Futtermais.

Entscheidend für die »luftige Verwandlung« sind nämlich zwei Faktoren: das sich aufheizende Wasser, das im Innern des Kornes einen hohen Druck erzeugt, und die vergleichsweise harte Schale des Maiskorns, die dem steigenden Innendruck zunächst standhält.

Im Innern der Körner befindet sich neben der eigentlichen

Maisstärke auch Wasser. Beim Erhitzen wird dieses Wasser zwar über 100 °C heiß, wird aber nicht zu Dampf, da die Schale wie ein geschlossener Dampfkochtopf wirkt und keine Möglichkeit der Ausdehnung bietet. Druck und Temperatur im Korn steigen, bis die Schale aufplatzt. In diesem Moment kommt es im Innern zu einem schlagartigen und hörbaren Druckabfall. Das zuvor noch überhitzte Wasser verwandelt sich nun explosionsartig in Wasserdampf. Bei den hohen Temperaturen sind die Stärkemoleküle fast flüssig und reißen auseinander. Aufgrund der gewaltigen Ausdehnung – der Dampf nimmt immerhin das 1600-fache Volumen der Wassertropfen ein – fällt die Temperatur rapide ab, die Stärkefäden erkalten sogleich und verbinden sich zu einem stabilen Netz. Darin hat der Wasserdampf unzählige Hohlräume gebildet. Aus dem Korn ist ein fester Schaum geworden: Popcorn.

Popcorn folgt den gleichen physikalischen Gesetzen, die auch den Ausbruch von Geysiren bestimmen. Statt der harten Schale sorgt hier eine tiefe Wassersäule dafür, dass zunächst genügend Druck aufgebaut wird und das heiße Wasser in der Tiefe nicht verdampft. Erst wenn das Wasser nach oben entweicht, fällt der Druck in der Säule ab. Das überhitzte Wasser wird zu Dampf, die Säule wird noch leichter, weiteres Wasser verdampft, und durch diese Kettenreaktion entsteht die Fontäne. Nach dem Ausbruch fließt das Wasser zurück und kühlt sich ab. Einige Zeit später ist die Wassersäule erneut gefüllt, und das Schauspiel beginnt von vorn. Der bekannteste Geysir faucht mit großer Regelmäßigkeit im Yellowstone-Nationalpark in den USA. Man hat ihn »old faithful« getauft, der alte Getreue. Seine mittlere Ausbruchszeit beträgt etwa 90 Minuten, also normale Spielfilmlänge.

Warum aber kann man nicht aus allen Körnern Popcorn machen?

Wasser und Stärke sind in vielen Körnern enthalten, außer

mit Mais klappt dieses Aufschäumverfahren auch mit Puffreis oder mit Gerste. Der Trick ist die harte Schale. Ist die Schale zu weich, kann sich kein entsprechender Druck aufbauen, und das Wasser verdampft zu langsam. Guter Popcornmais hat also eine dünne, besonders harte und geschlossene Schale. Wie beim Filmhelden lautet auch hier das Rezept: harte Schale und weicher Kern!

Warum kochen
die Profis mit Kupfer?

4 Ich staune immer wieder über exquisite Küchen in den Schaufenstern der Fachgeschäfte. Manche erinnern mich an sterile Operationssäle, andere wiederum wirken in ihrem hochglänzenden Design so edel, dass sie fürs Kochen irgendwie zu schade scheinen. Wahrscheinlich wird in solchen Protzküchen ohnehin nicht gekocht, mal abgesehen vom Einsatz der Mikrowelle ... In Profiküchen brodelt und dampft es unentwegt, und niemand schert sich um die Farbe der Wandfliesen. Es dreht sich alles um Pfannen und Töpfe, die in der Haute Cuisine erstaunlich oft aus Kupfer bestehen. Aber was ist das Besondere daran?

Viele Profis kochen immer noch auf Gasherden. Die Gasflamme ist schnell und nicht so träge wie übliche Kochplatten. Es gibt da jedoch ein Problem: Die Flamme ist sehr heiß, und in einem normalen Topf aus Edelstahl wirkt die Hitze punktuell, so dass das Essen gerne anbrennt. Auf der Flamme wird der Topf am Boden glühend heiß, doch am Rand bleibt er kühl. Vergleicht man Edelstahl- und Kupfertopf, so erkennt man, dass sich die Wärme beim Kupfertopf sehr viel gleichmäßiger über den gesamten Topf verteilt. Obwohl der Rand nicht direkt mit der Flamme in Kontakt steht, ist er beim Kupfertopf fast genauso heiß wie der Boden. Kupfer leitet die Wärme erheblich besser als Stahl. Ich habe es einmal in einem Versuch mit einer Stange aus Stahl und einer aus Kupfer probiert:

An einem Ende der Stange befindet sich eine Flamme, am anderen ein Stück Butter. Beim Kupfer erkennt man, dass die Butter sehr schnell zu schmelzen beginnt, die Stahlstange hingegen lässt die Butter im wahrsten Sinne des Wortes »kalt«. Die Wärmeleitfähigkeit von Kupfer ist rund zehnmal so groß wie die von Stahl.

Kupfer ist ideal, wenn es darum geht, Wärme möglichst gleichmäßig zu verteilen. Kein Zufall also, dass es überall in den Profiküchen zu finden ist, auch bei den polierten Kupferkesseln in den Sudhäusern von Brauereien.

Auch in zahlreichen technischen Installationen von Kühlschellen bis hin zu Wärmetauschern ist Kupfer aufgrund seiner exzellenten Wärmeleitfähigkeit das Element der Wahl. Nur Silber ist noch besser, und in der Küche meiner indischen Großmutter gab es tatsächlich Töpfe aus Silber!

Seinen Namen erhielt Kupfer übrigens von der Insel Zypern: Im Altertum versorgte die Mittelmeerinsel Griechenland, Rom und andere mediterrane Länder mit dem roten Metall. Die Römer bezeichneten es daher als »Erz aus Zypern«, auf Lateinisch »aes cyprium«, später als »cuprum«. Der lateinische Begriff steht heute noch hinter dem Kürzel Cu, mit dem Kupfer im Periodensystem der Elemente erscheint.

Und jetzt wissen Sie, warum Kupfer auch das Element der Haute **Cu**isine ist!

Was bedeutet
»rostfrei«?

5 Ist Ihnen beim Gang durch historische Museen schon einmal aufgefallen, dass es wunderbare alte Exponate aus Kupfer, Gold und Bronze gibt, jedoch kaum alte Eisenskulpturen?

Der Grund hierfür ist die unterschiedliche Schmelztemperatur der Metalle. Gold und Kupfer werden bei Temperaturen von knapp über 1000 °C flüssig (Gold 1064 °C, Kupfer 1084 °C) und Bronze schon bei unter 1000 °C, wohingegen Eisen erst bei 1538 °C zu schmelzen beginnt. Die Temperaturen, die Schmelzöfen erreichen konnten, waren lange Zeit begrenzt und bestimmten somit die Auswahl der Metalle der jeweiligen Zeit: Kupferzeit, Bronzezeit, und erst sehr viel später folgte dann die Eisenzeit.

Unsere heutige Industriegesellschaft wäre ohne Eisen und Stahl nicht denkbar: Hochhäuser, Brücken, Autos, Waschmaschinen oder Küchenbesteck bestehen zu großen Teilen aus Stahl.

Stahl wird aus Roheisen gewonnen. Der hohe Kohlenstoffanteil im Roheisen von etwa 4 Prozent bedingt seine hohe Sprödigkeit. Wenn man Roheisen erhitzt, wird es plötzlich weich und ist daher nicht schmiedbar. Man kann Roheisen jedoch zum Gießen verwenden.

In den Stahlwerken wird Sauerstoff in das geschmolzene Roheisen geblasen. Der Sauerstoff verbindet sich mit dem Kohlenstoff und entweicht als Kohlendioxyd. Durch dieses

»Frischen«, wie man es nennt, verringert sich der Kohlenstoffanteil auf 0,2 bis 1,7 Prozent. Dieser einfache Stahl lässt sich zwar bearbeiten, doch es gibt immer noch ein Problem: Der Sauerstoff aus der Luft greift das Eisen an. Das Ergebnis ist Rost.

Wie groß die Liebe zum Sauerstoff ist, können Sie leicht testen: Wenn man Eisenwolle anzündet, brennt sie ohne Probleme. Übrig bleibt Eisenoxyd, also »Rost«. Reines Eisen reagiert sogar so intensiv mit dem Sauerstoff in der Luft, dass es sich von selbst entzündet.

Durch Beimischung von Zusätzen können die Stahlkocher die Eigenschaften des Stahls verändern. Chrom ist zum Beispiel ein solcher Legierungszusatz. Er macht den Stahl rostfrei, indem er auf der Oberfläche eine feine und schützende Schicht aus Chromoxyd entstehen lässt. Das Eindringen des aggressiven Sauerstoffs wird somit verhindert. Streng genommen dauert es zumindest sehr viel länger, bis der Stahl rostet, denn hundertprozentig rostfrei bekommt man ihn nie.

Heute gibt es Hunderte von unterschiedlichen Stahlsorten, und jedes Jahr wird die Palette erweitert: von einfachen Baustählen bis hin zu komplexen Spezialstählen, die selbst hohen Temperaturen oder ätzenden Säuren widerstehen. Aus dieser Perspektive betrachtet leben wir eigentlich im Edelstahlzeitalter.

Warum verändert sich der Ton, wenn man im Cappuccino rührt?

6 Machen Sie's sich gemütlich! Genießen Sie einen frischen Cappuccino mit geschäumter Milch, oder, wenn Sie lieber Tee trinken, nehmen Sie sich einen Tee mit einem Löffel Zucker. Fällt Ihnen beim Umrühren etwas auf?

Hören Sie genau hin: Beim Umrühren verändert sich der Ton! Dieses kleine Detail taucht immer wieder auf, ob bei Cappuccino mit Milchschaum, Tee mit Zucker oder auch Kakao mit Sahne. Selbst wenn man, was wohl eher selten vorkommt, in einem Bierglas rührt und anschließend gegen das Glas klopft, kann man es deutlich vernehmen: Der Ton ändert sich. Zunächst klingt es tief, mit der Zeit jedoch immer heller.

Wenn Sie mit einem Löffel gegen ein Glas klopfen, wird das Glas in Schwingungen versetzt. Ein leeres Glas klingt dabei deutlich höher als ein gefülltes. Die Ursache dieses Unterschieds ist leicht zu verstehen: Die Schwingungen des Glases übertragen sich auch auf den Inhalt. Durch die Flüssigkeit im Glas wird jedoch mehr Masse hin und her bewegt als beim leeren Glas. Das Ergebnis: Der Ton ist tiefer, denn die Eigenfrequenz des vollen Glases ist niedriger. Mit unterschiedlich gefüllten Gläsern kann man die Töne einer Tonleiter erzeugen und Musik machen.

Doch jetzt wiederholen wir das Experiment mit Cappuccino. Obwohl die Flüssigkeitsmenge gleich bleibt, verändert sich die Tonhöhe: Beim Klopfen ist der Ton zunächst tief, doch je mehr Milchschaum sich auflöst, desto höher klingt der Ton.

31

Anfangs werden viele Schaumbläschen in den Cappuccino eingerührt. Die Schallwellen passieren also ein Gemisch aus Flüssigkeit und Luftbläschen. Dabei erklingt ein tiefer Ton. Mit der Zeit steigen die Bläschen nach oben, und die Schwingungen des Tassenbodens passieren auf ihrem Weg durch die Flüssigkeit immer weniger Luftbläschen. Der Ton wird dann eindeutig heller!

Das Phänomen hängt also mit der Luft-Flüssigkeits-Mischung zusammen. In der Tat ändert sich die Schallgeschwindigkeit in Abhängigkeit des Mediums: Wenn der Schall sich in einem Medium ausbreitet, dann stoßen sich die Moleküle gegenseitig an. Auf diese Weise dehnt sich die Schallwelle im Medium aus. In Gasen, wie zum Beispiel Luft, breitet sich der Schall eher langsam aus, denn Gase lassen sich gut komprimieren. Die Übertragung von Molekül zu Molekül erfolgt langsamer. Unter Wasser hingegen sind die Moleküle wesentlich dichter gepackt, und so durchlaufen Schallwellen das Wasser etwa viermal schneller als die Luft.[2] Es macht also einen großen Unterschied, ob Schallwellen Luft oder Flüssigkeit passieren, denn je höher die Schallgeschwindigkeit im Medium, desto höher die Frequenz der Schallwelle, also ihre Tonhöhe.

Nach dem Umrühren beginnen die Schaumbläschen aufzusteigen, bis irgendwann alle oben angekommen sind. Die Zahl der Luftbläschen in der Flüssigkeit nimmt also mit der Zeit ab, und die Schallwellen passieren immer weniger Luft und immer mehr Flüssigkeit. Während des Klopfens ändert sich also im umgerührten Cappuccino die Schallgeschwindigkeit und wird immer größer! Und das kann man hören – am heller werdenden Ton.

Dasselbe Phänomen findet sich, wenn man Zucker in den Tee gibt. Während sich der Zucker auflöst, steigen ebenfalls kleine Luftbläschen nach oben, und auch hier wird der Ton beim Umrühren mit der Zeit heller.

Was mich persönlich besonders erstaunt, ist die späte Entdeckung dieses Phänomens. Es wurde jahrzehntelang von Millionen cappuccinotrinkender Menschen überhört. Als die Relativitätstheorie längst entdeckt war und Astronauten bereits ihren Fuß auf den Mond setzten, rührten die Menschen immer noch in Tassen und Gläsern, ohne dass es jemandem auffiel. Erst im Mai 1982 publizierte der Physiker Frank Crawford seinen Artikel »The hot chocolate effect«[3].

Natürlich ist die Physik der klingenden Tasse weit komplizierter als das einfache Modell, denn die Resonanzfrequenzen der Tasse und die Ausrichtung der Wellenfronten spielen auch noch eine Rolle. So klingt es anders, wenn man die Tasse statt auf dem Boden seitlich anschlägt. Inwieweit der Luftanteil in der Flüssigkeit und die Temperatur auf die Tonhöhe einwirken, beziehungsweise ob die Physik bei halbvollen Tassen noch greift, ist ebenfalls nicht endgültig geklärt. Kluge Physiker haben inzwischen ganze Abhandlungen über spektrale Klangveränderungen gefüllter Kaffeetassen verfasst und sogar die Ausbreitung der Wellen mit speziellen Messgeräten analysiert. Da soll noch einer sagen, im Alltag gebe es nichts zu entdecken!

Die Isolierkanne: Warum bleibt Heißes heiß und Kaltes kalt?

7 Thermoskannen sind praktisch. Der Kaffee bleibt lange heiß, und im Sommer bleibt die Limonade lange kühl. Doch wie genau funktioniert eine Thermoskanne?

Wenn Sie heißes Wasser in einen Krug füllen, geht die Wärme schnell verloren. Zunächst heizt der warme Kaffee die kältere Wand der Kanne auf. Hierdurch kühlt sich die Flüssigkeit ab. Diesen Verlust kann man etwas kompensieren, indem man den Kaffee in eine angewärmte Kanne gibt.

Die Moleküle der Umgebungsluft treffen nun auf die heiße Oberfläche der Kanne und entziehen dem Gefäß Energie. Die Luft heizt sich auf und steigt nach oben. Dadurch strömt neue kalte Luft nach, erhitzt sich wieder, und so beginnt die Kanne durch den unmittelbaren Kontakt mit der Außenluft schnell abzukühlen. Dieser Konvektionsverlust lässt mit der Zeit den Inhalt abkühlen, und schon bald ist der Kaffee kalt. Nach genau diesem Prinzip blasen wir zum Beispiel heiße Speisen an, um sie zu kühlen. Wickelt man die Kanne hingegen in eine schützende Decke, mindert man den Konvektionsverlust. In England werden daher traditionell Teekannen in bunte Stoffhüllen gepackt.

Durch die Beschaffenheit des Gefäßes und den Wärmeaustausch mit der Umgebungsluft geht also Energie verloren. Bei der Thermoskanne hat man diese Lecks auf clevere Weise minimiert: Der Behälter in der Thermoskanne besteht aus dünnem Glas. Schon beim Einfüllen geht daher nicht so viel

Wärme für das Aufheizen des Gefäßes verloren, denn das dünne Glas nimmt wesentlich weniger Wärme auf als zum Beispiel ein dicker Keramikkrug. Der eigentliche Trick der Thermoskanne besteht jedoch darin, dass das dünne Glasgefäß doppelwandig ist und über ein Vakuum verfügt.

In modernen wärmedämmenden Fenstern nutzt man ebenfalls Doppelglasscheiben. Zwischen den Scheiben befindet sich Luft, denn Luft ist ein wesentlich besserer Isolator als Glas. Der Luftraum zwischen den Scheiben wirkt dabei wie eine Dämmschicht. Zwei dünne Scheiben mit Luft dazwischen halten die Wärme sehr viel besser als eine einzelne dicke Glasscheibe. Doch bei näherer Betrachtung kann man die Sache noch verbessern: Die Luftmoleküle im Zwischenraum erhitzen sich an der wärmeren Innenscheibe und geben die Wärme an die Außenscheibe ab. Innerhalb der Doppelglasscheibe entsteht also auch ein Konvektionsstrom. Kluge Ingenieure haben daher einen idealen Abstand im Doppelglas berechnet, bei dem immer noch genügend Luft als Isolator vorhanden ist und trotzdem der Konvektionskreislauf möglichst klein bleibt.

Ideal wäre ein Vakuum zwischen den Scheiben, doch für derartige Fensterscheiben wären die Produktionskosten enorm. Durch das Vakuum in der Thermoskanne gibt es im Innenraum keine Luftmoleküle und somit auch keinen Wärmetransport zwischen der Innen- und der Außenwand. Ein Vakuum ist daher der beste Isolator überhaupt.[4]

Und an noch einen Punkt hat man gedacht: Auffällig bei der Isolierkanne ist die verspiegelte Oberfläche, und auch sie hat ihren Grund: Jeder heiße Körper gibt nicht nur Wärme über den direkten Kontakt mit der Umgebungsluft ab, sondern auch einen Teil seiner Energie in Form von Wärmestrahlung. Jeder kennt das Phänomen: Der heiße Ofen strahlt auch, wenn man ihn nicht direkt anfasst. Die Innenverspiegelung macht die Kanne zu einem Gefängnis für die Wärmestrahlung. Weltraumsonden sind genau aus diesem Grund oft mit einer reflektierenden Folie umgeben, denn ansonsten würde die Sonnenstrahlung die Satelliten extrem aufheizen.

Mithilfe einer Wärmebildkamera erkennt man den spektakulären Unterschied: Die Glaskanne strahlt, wohingegen die Isolierkanne außen kalt ist.

Natürlich muss man die Kanne auch fest verschließen, denn sonst entsteht ein weiteres Leck für die Wärme. Das Prinzip der Isolierkanne wurde bereits im 19. Jahrhundert vom schottischen Physiker James Dewar entwickelt. Erst mithilfe des »Dewar-Gefäßes« war es möglich, eiskalte flüssige Luft zu lagern. Heute gibt es solche Gefäße in jedem Labor und in jeder Küche: mit Doppelwand, Vakuum und verspiegelter Oberfläche. Die Physik dahinter ist aber kein kalter Kaffee!

Warum tränen die Augen
beim Zwiebelschneiden?

8   Das Internet ist eine Fundgrube an Tipps und Ideen. Auf jede Frage scheint das Netz eine Antwort zu haben. Befragt man das elektronische Orakel, was man gegen das Augenbrennen beim Zwiebelschälen tun kann, wird man mit einer Vielzahl von Lösungen belohnt: Da schälen manche mit Taucherbrille, andere unter der laufenden Dunstabzugshaube, und wiederum andere behalten während des Schälens einen Schluck Wasser im Mund. Da wird die Zwiebel gekühlt und dann unter fließendem Wasser geschält oder in warmem Wasser eingeweicht. Eine Dame beschreibt ein garantiert wirkungsvolles Rezept gegen ihr Augenbrennen: Sie lässt ihren Mann schälen!

Doch wie kommt es überhaupt zum Brennen der Augen? Ungeschnittene Zwiebeln sind harmlos, doch sobald man die Zwiebel anschneidet, scheint sie sich mit einem beißenden

Duft zu wehren. Was wir hier erleben, ist ein effektiver Schutz-mechanismus der Natur. Pflanzen setzen sich mit ausgeklügelten Strategien gegen Parasiten und Pilze zur Wehr, und ihre Waffen reichen von Bitterstoffen und Düften bis hin zum Gift.

In den Zwiebelzellen befinden sich zwei Inhaltsstoffe, die normalerweise nicht miteinander in Berührung kommen: zum einen die geruchlose schwefelhaltige Aminosäure Alliin. Sie befindet sich in den äußeren Zellschichten. Im Zellinnern versteckt sich zum anderen das Enzym Alliinase. Beim Schneiden der Zwiebel kommen die beiden Substanzen in Kontakt und reagieren. Das Enzym wirkt wie eine chemische Schere und spaltet das Alliin-Molekül in das hocharomatische Allicin. Diese Substanz reagiert mit der Luft und mit dem Wasser, wodurch das reizende Gas Propanthialsulfoxid entsteht. Aus dieser Schwefelverbindung entwickelt sich im wässrigen Tränenfilm die ätzende Schwefelsäure, und prompt fangen die Augen an zu tränen.

Beim Knoblauch läuft es übrigens ähnlich ab, denn auch hier wird durch die mechanische Beschädigung der Zellen Allicin gebildet. Sie können das testen. Die Knolle selbst riecht kaum, doch wenn man sie durchpresst und die Zellen dabei zerstört werden, ändert sich das gewaltig.

Dieses Prinzip hat seinen Sinn, denn Allicin ist ein wirksames Gift gegen Bakterien und Keime. Knoblauch besitzt daher eine desinfizierende Wirkung. Gärtner wissen das: Knoblauchknollen werden nämlich kaum von Insekten oder Mäusen und Maulwürfen angebissen. Sie haben so gut wie keine natürlichen Feinde, abgesehen von uns Menschen. Man könnte rein theoretisch mit Knoblauch ein natürliches Insektenbekämpfungsmittel entwickeln. Das funktioniert auch, doch es gibt einen Haken: Danach würde alles nach Knoblauch duften.

Der Abwehrtrick der Natur besteht also in der Reaktion von zwei chemischen Komponenten. Hierdurch tränen am Ende die Augen, oder es beginnt, aufdringlich zu duften. Wichtig dabei ist eben das nach Möglichkeit vollständige Zerquetschen der Pflanzenzellen, denn nur so kommt es zur Reaktion. Also wenig Knoblauch und richtiges Zerkleinern wirken intensiver als eine unbeschädigte Knoblauchzehe mitzukochen. Und bei den Zwiebeln sollte man lange kauen, um das ganze Aroma zu genießen.

Einen kleinen Haken gibt es auch hier: Am Ende riecht man so unangenehm, dass nicht nur die Insekten, sondern leider auch gute Freunde einen großen Bogen um einen machen.

Warum brennen
Chilis und Peperoni so?

9 Es begann immer mit dem Satz: »Ich liebe scharfes Essen!« Während meiner Kindheit in Indien hatten wir häufig Besuch aus dem »Ausland«. Die Geschäftspartner meines Vaters kamen aus Europa oder den USA, und es war selbstverständlich, dass man den Weitgereisten ein typisch indisches Essen servierte. Natürlich nahm man dabei Rücksicht auf die Gäste. Die Küche hatte die strikte Order, sparsam mit Gewürzen umzugehen. Auf dem Tisch glänzten silbrige Schalen mit duftendem Reis, Schüsseln mit Biryani, kleingeschnittenem Gemüse, Sambar und anderen würzigen Linsengerichten sowie hauchfeinen Dosas mit Saucen aus weißlicher Kokosmilch. Die Vielfalt der südindischen Gerichte ist überwältigend. In kleinen Schälchen hatte der Koch zusätzlich noch einige Gewürzsaucen abgefüllt. Sie waren für die Einheimischen am Tisch bestimmt, denn sie enthielten feine eingelegte Chilischoten: garam masala – heißes Gewürz.

Den Gästen schmeckte es vorzüglich, und nachdem sie den ersten Teller geleert hatten, wurden sie leichtsinnig und griffen zum garam masala. Von allen Seiten kamen unverzüglich höfliche Warnungen: »Bitte seien Sie vorsichtig, das ist *sehr* scharf!« Die gutgemeinten Einwände wurden stets überhört. Im Gegenteil: Der Verzehr des garam masala wurde zum Symbol der Solidarität und der Völkerverbundenheit: »Ich liebe scharfes Essen!« Viele Gäste nahmen beherzt gleich einen ganzen Löffel.

»Wirklich köst... !« Der Atem stockte, und mit weit geöffneten Augen griffen sie zum Wasserglas, leerten es vollständig, doch es half nichts. Binnen Sekunden änderte sich die Gesichtsfarbe. Mit hochrotem Kopf zeigten sie zum Wasserkrug. Der Schweißausbruch auf der Stirn war gewaltig, gefolgt von einer beängstigenden Hustenattacke. Garam masala hatte seine Wirkung entfaltet, und als Kind war es mir lange Zeit ein Rätsel, wieso eine solch kleine Menge an rötlicher Paste einen erwachsenen Mann so umhauen konnte. Die Chilischoten hatten in unserer Familie daher den Beinamen »sudden death« – plötzlicher Tod.

Zum Glück überlebten alle Gäste, wenngleich sie sich in den Folgetagen meistens nur noch von reinem Reis ernährten. Selbst bei den unverdächtigsten Gerichten fragten sie mehrmals nach, ob tatsächlich kein garam masala darin enthalten sei.

Doch warum brennen diese Chilis so unangenehm? Mit unserer Zunge nehmen wir süß und sauer wahr, doch im Falle von »scharf« reagieren die Sinneszellen der Mundschleimhaut. In den Schoten befindet sich die Substanz Capsaicin. Je mehr davon in der Pflanze enthalten ist, desto schärfer schmeckt sie. Die Capsaicin-Moleküle binden sich an die Rezeptoren derjenigen Nervenzellen, die auch auf starke Hitze ansprechen. Genau das ist der Grund, warum es so unangenehm brennt, obwohl das Essen nicht einmal heiß ist. In unserer Mundschleimhaut haben wir übrigens auch andere Zellen, die bei Kälte reagieren. Die wiederum kann man mit Menthol aktivieren, daher schmecken Hustenbonbons kühl.

Capsaicin führt in der Folge zu einer stärkeren Durchblutung der entsprechenden Stelle. Der scharfe Stoff der Chilis findet sich aus diesem Grund auch in Wärmesalben und Pflastern.

Tiere reagieren ebenfalls auf scharfes Essen. Katzen oder Hunde rühren gewürztes Fleisch nicht an. Doch es gibt da eine interessante Ausnahme: Vögel.

Als Kind habe ich beobachtet, wie Raben Chilis klauten und fraßen, und zu meiner Verblüffung hat es ihnen sogar geschmeckt. Selbst die schärfsten Chilis machten den Raben absolut nichts aus!

Es gibt eine plausible Erklärung hierfür: Die meisten Tiere verdauen den Pflanzensamen, und damit wäre er nicht mehr keimfähig – nicht so die Vögel. Ihr Magen ist anders aufgebaut. Das hilft indirekt bei der Verbreitung der Samen. Nach der Verdauung ist der Pflanzensamen nicht angegriffen und bleibt keimfähig. Fazit: Der Samen wird durch den Vogel transportiert und landet unverdaut im Kot auf der Erde, und so kann sich die Pflanze verbreiten. Wissenschaftler konnten in der Tat nachweisen, dass der entsprechende Rezeptor der Nervenzellen bei Vögeln sich von demjenigen anderer Tiere unterscheidet. Vögel vertragen also Kost, die für uns und für andere Tiere viel zu scharf wäre, weil Vögel vieles nicht vollständig verdauen.

Garam masala ist bis zu tausendmal schärfer als die »scharfen« Saucen, die es hierzulande zu kaufen gibt. Bei der Bestimmung des Schärfegrades greifen einige noch heute auf die sogenannte Scoville-Skala zurück, benannt nach dem amerikanischen Pharmakologen Wilbur Lincoln Scoville. 1912 entwickelte er einen Test zur Bestimmung der Schärfe von Chilischoten. Der Gehalt von Capsaicin wurde dabei indirekt über die Verdünnung mit Wasser ermittelt. Hierbei wurde getestet, ab welcher Verdünnungsmenge an zugegebenem Wasser der Schärfeeindruck beim Abschmecken verschwindet. Braucht es zum Beispiel für einen Milliliter aufbereiteter Chilis 100 Liter Wasser, dann beträgt die Schärfe 100 000 SHU (Scoville Heat Units – Scoville Hitze-Einheiten). In dieser

Skala schaffen es die schärfsten Vertreter des garam masala auf über 500 000 SHU! Nur zum Vergleich: In deutschen Supermärkten gibt es »scharfe« Saucen, die es höchstens auf 500 SHU bringen.

Wenn Sie dennoch auf eine Chili beißen und es brennt, werden Sie eines sehr schnell feststellen: Wasser hilft gar nichts. Milch oder Joghurt lindern zu einem gewissen Grad den Schmerz. Zucker funktioniert am besten, denn er neutralisiert die Schärfe. Es ist daher kein Zufall, dass viele Desserts in Ländern mit scharfer Küche extrem süß sind.

In Kanada hat man garam masala in einem wissenschaftlichen Experiment[5] sogar zweckentfremdet: Marder, die ja gerne in Kunststoffleitungen und Schläuche beißen, wurden erfolgreich davon abgehalten, wenn man die Schläuche mit Capsaicin einschmierte! Wenn Sie morgen in der Autowerkstatt Chilis für Ihren Motor bestellen, habe ich nur eine Bitte: Erzählen Sie nicht, von wem Sie den Tipp haben!

Was macht die
Hefe im Hefeteig?

10 Als Kind hatte ich großen Spaß am Herumexperimentieren. Vor allem die Küche erwies sich dabei als ideales Labor. Zugegeben, nicht immer stand am Ende ein erfolgreiches Experiment. Oft mixte ich eher zufällig Substanzen zusammen, erhitzte sie und beobachtete, ob das Ergebnis meiner Alchemie vielleicht einen neuen Geschmack hervorzauberte oder sogar brennbar oder explosiv war.

Zu meinen Fehlversuchen zählte unter anderem das Brotbacken. Ich hatte Mehl, Wasser und Salz zu einem Teig geknetet, doch nach dem Backen war das Ergebnis enttäuschend: ein fester, brauner und ungenießbarer Klotz. Ich hatte wohl etwas Entscheidendes vergessen: Hefe. Offensichtlich gibt die Hefe dem Brot seine luftige Konsistenz, doch was genau bewirkt sie?

Hefen sind kleine einzellige Pilze. Wenn das Umfeld günstig ist, also wohlig warm und mit ausreichend Nahrung ausgestattet, kann sich die Hefe durch Zellteilung rasch vermehren. Die Hefe ernährt sich von Zucker, und dabei entstehen Alkohol und Kohlendioxyd.

$$C_6H_{12}O_6 \xrightarrow{\text{Enzyme}} 2\ C_2H_5OH + 2\ CO_2$$

1 × Zucker   *2 × Alkohol   2 × Kohlendioxyd*

Das Kohlendioxyd ist beim Backen wichtig. Wenn man Teig, dieses Mal mit Hefe, knetet und stehen lässt, dann »geht er«, wie man sagt. Im Mehl ist jede Menge Stärke enthalten, ein »Vielfachzucker«. Wenn Stärke aufgespalten wird, was durch sogenannte Hefeenzyme geschieht, entsteht Zucker, die Nahrung der Hefe.

Beim »Gehen« kommt es zu einer chemischen Umwandlung, und dabei entsteht das gasförmige Kohlendioxyd. Das Gluten im Teig hält die kleinen Bläschen fest, und mit der Zeit vergrößert sich das Volumen des Teigs. Pro Zuckermolekül entstehen zwei Kohlendioxydmoleküle.

Am besten stellt man den Teig warm, so etwa bei 32 °C, denn dann läuft die chemische Umwandlung optimal. Die Hefepilze vermehren sich und wandeln immer mehr Zucker in Kohlendioxyd um. Bei Kälte hingegen läuft alles in Zeitlupe ab. Steht der Teig allerdings zu warm, klappt es nicht. Oberhalb von 40 °C gerinnen die Eiweißmoleküle, und die Hefe stirbt ab.

Je länger man den Teig stehen lässt, desto mehr Stärkemoleküle werden zu Zucker und Kohlendioxyd umgewandelt. Der Teig bläht sich also immer mehr auf. Doch irgendwann ist so viel Stärke aufgebraucht, dass die Masse das viele Gas nicht mehr halten kann und in sich zusammenfällt. Natürlich kann man die Hefe auch künstlich »füttern«, indem man Zucker zugibt, doch dann geht der Teig zu schnell und verliert seine homogene Struktur. Wichtig beim Backen ist das richtige Timing: Der Teig darf weder zu früh noch zu spät in den Backofen. Während des Backprozesses darf man ihn dann nicht »stören«, denn durch die Hitze stabilisiert sich das luftige Gebilde. Ist man zu neugierig, fällt das Ergebnis leicht zusammen.

Neben Kohlendioxyd entsteht aber auch Alkohol! Beim Backen verdampft er, doch wenn man einen dünneren Teig aufsetzt, mit wenig Mehl, viel Wasser und natürlich Hefe, und diesen längere Zeit stehen lässt, bildet sich mit der Zeit alkoholhaltiges, »flüssiges« Brot.

Das ist im Prinzip Bier! Doch ich warne davor – von diesem selbstgemachten Bier wird Ihnen garantiert übel. Ich hab's probiert.

Warum wird **Ketchup flüssig,**
wenn man ihn schüttelt?

11 Es gibt Fragen, mit denen
man den Kellner sekunden-
schnell zur Verzweiflung bringt und
sich den Koch im Handumdrehen
zum Feind macht: Wenn das edle
Menü im Restaurant serviert wird,
reicht schon die Bitte: »Hätten Sie
noch ein wenig Ketchup?« Von diesem Moment an sind Sie ein Ge-
schmacksbanause und in der Küche
unten durch. Alle Feinheiten der
Haute Cuisine werden in dem roten
Saft ertränkt, und alles Abschmecken am Kochtopf erscheint alsdann
so sinnlos wie das Haarekämmen
vor dem Gang zum Schafott. Der
zähfließende Saft hat sich dennoch

an so mancher Tafel einen festen Platz erobert – auch meine
Kinder würden am liebsten alles mit Ketchup versehen: vom
Gemüse bis zum Käse, vom Soufflé bis zum Tafelspitz.
Ketchup ist ein Mix aus Tomatenmark, Essig, Salz, diversen
Gewürzen und sehr viel Zucker. Dieser ist der Köder, mit dem
die Geschmacksnerven unserer Kinder gefangen werden.
Man findet bis zu 25,5 Gramm Zucker pro 100 Gramm Ket-
chup! Wer sich diese Überdosis einmal mit der entsprechen-

den Menge an Würfelzucker veranschaulicht, hat vielleicht noch eine letzte Chance, nicht abhängig zu werden.

Der zähflüssige Saft birgt jedoch eine weitere Besonderheit. Wer sie nicht kennt, ruiniert sich Krawatten und Blusen. Sobald man die Flasche schüttelt oder ihr von oben einen Stoß versetzt, kommt es zu einem überraschenden Wandel: Der zunächst zähe Flascheninhalt wird plötzlich dünnflüssig wie Wasser.

Die Erklärung hierfür liegt in seiner mikroskopischen Beschaffenheit.

In der Flasche bildet Ketchup in ungeschütteltem Zustand Strukturen von Molekülverbänden. Die Verbindungen zwischen diesen Molekülverbänden stabilisieren die Flüssigkeit. Beim Schütteln bricht diese Struktur jedoch auseinander. Die einzelnen Molekülknäuel werden von den anderen nicht mehr gehalten und können sich daher freier bewegen. Die Folge: Ketchup wird flüssig und leicht beweglich.

Wenn man ihn danach ruhen lässt, bildet sich die ursprüngliche Konsistenz zurück, denn nach der Irritation durch das Schütteln verbinden sich die Strukturen der Molekülverbände erneut untereinander.

Der Übergang zwischen fest und flüssig geschieht – und darin liegt das Tückische beim Ketchup – plötzlich und sorgt daher beim Klopfen auf die Flasche für die fließende Überraschung. In der Wissenschaft nennt man den Ketchupeffekt auch Thixotropie.

Die durch Schütteln und Bewegen wandelbare Konsistenz hat sogar kluge Ingenieure inspiriert: In der Farbenindustrie nutzt man diesen Effekt mithilfe spezifischer Zusätze in den Malerfarben: Beim Streichen wird die Farbe bewegt und lässt sich leicht auftragen. Danach verfestigt sie sich und verhindert so die Bildung von Nasen.

In der Natur kann man dieses Phänomen übrigens auch bei

Schlammlawinen nach starken Regenfällen oder bei Erdbeben beobachten. Durch das Wasser zwischen Erde und Steinen gerät plötzlich alles ins Gleiten. Auch hier brechen die mikroskopischen Verschränkungen zwischen den Sedimenten auf. Gerät der Schlamm einmal in Bewegung, wird er noch flüssiger und rast ins Tal. Ganze Berghänge verflüssigen sich auf diese Weise und reißen Straßen und Häuser mit sich. Sobald die Lawine wieder zum Stehen kommt, verfestigt sich die Masse – wie beim Ketchup – und erschwert die anschließenden Aufräumarbeiten.

Vielleicht können Sie den verstimmten Kellner im feinen Restaurant so etwas aufmuntern: Erzählen Sie ihm von gigantischen Erdrutschen und ihrer Wesensverbundenheit mit dem Ketchup.

Warum braucht der **Eierkocher** weniger **Wasser**, wenn mehr Eier erhitzt werden?

12 Ein Wesenszug der Techniker ist manchmal die mutige Eigenschaft, trotz fehlender endgültiger Kenntnis der Dinge einen Apparat zu ersinnen, der das gestellte Problem auf pragmatische Weise löst. Während Physiker zum Beispiel noch immer nicht endgültig das Geheimnis der turbulenten Luftströmungen gelöst haben, durchfliegen Tausende Flugzeuge alltäglich den Luftraum. Obwohl Biochemiker längst nicht alle Prozesse entschlüsselt haben, die für den pochenden Kopfschmerz verantwortlich sind, bieten Apotheken allerlei Tabletten an, die offensichtlich dennoch helfen.

An anderer Stelle in diesem Buch (siehe Kapitel 13: Warum ist es so schwer, ein perfektes Ei zu kochen?) werde ich von der hohen Kunst, Eier weich zu kochen, erzählen und erklären, warum hinter dieser einfachen Aufgabe ein mitunter schier unlösbares wissenschaftliches Problem lauert. Obwohl das Eierkochen also nicht endgültig erforscht ist, gibt es einen Apparat zu kaufen, der das Problem löst: den Dampfeierkocher. Wie fast alle technischen Apparate degradiert uns auch dieses Gerät zu einem einfachen Nutzer. Das ist nicht ungewöhnlich, im Gegenteil. Viele fahren mit großer Freude ein Auto, ohne die geringste Ahnung davon zu haben, was unter der Motorhaube passiert. Kaum ein Nutzer eines Mobiltelefons hat sich je Gedanken darüber gemacht, wie das Tippen der Tasten zum Klingeln auf der anderen Seite führt. Als Nutzer befolgen wir eben brav unsere Bedienungsanleitung, und der Apparat bringt uns ans Ziel. Dennoch erzeugt der Dampfeierkocher bei einigen Menschen ein tiefes Gefühl der Unsicherheit, denn es gibt da ein irritierendes Paradoxon: Der Eierkocher benötigt weniger Wasser, wenn mehr Eier erhitzt werden!

»Ist doch klar«, werden viele jetzt denken. »Wenn ich Eier in einem Topf koche, brauche ich auch weniger Wasser, weil das Volumen der Eier den Wasserspiegel steigen lässt.« Das ist beim Dampfkocher aber nicht so. Das Phänomen ist also gar nicht so einfach zu erklären, wie es zunächst aussieht.

Der Vorteil des Eierkochers besteht darin, dass man mit weit weniger Wasser auskommt als bei der konventionellen Kochmethode im Wassertopf. Die Eier sind hier nicht umgeben von kochendem Wasser, sondern von Wasserdampf.

Der Dampfeierkocher besteht aus einer elektrisch geheizten Verdampferschale, in die man eine genau dosierte Menge an Wasser einfüllt. Auf dem dazugehörigen Messbecher kann man an der Skala genau ablesen, wie viel Wasser für welche Anzahl Eier benötigt wird. Darüber stehen die Eier in einem einfachen Metallgestell. Der Deckel besitzt eine kleine Öffnung, aus welcher der Dampf bei steigendem Druck entweichen kann. Nach dem Einschalten wird das Wasser erhitzt und siedet. Der 100 °C heiße Dampf steigt vom Boden auf, und ein Teil davon trifft auf die kühlere Oberfläche des Eis. Dieser Dampf kühlt dabei ab und kondensiert. Das flüssige Wasser überzieht die Oberfläche des Eis und tropft dann wieder nach unten auf den heißen Boden des Kochers, wo aus Wasser dann erneut Dampf wird.

Nach einer genau berechneten Zeit ist das gesamte Wasser verdampft. Die elektrische Heizung wird heißer und schaltet sich dann automatisch ab. Der Apparat summt, die Eier sind perfekt!

Je mehr Eier sich also im Kocher befinden, desto größer ist die Oberfläche, an der Dampf kondensiert, und folglich tropft ein größerer Teil des Wasserdampfs wieder zurück auf den Boden. Durch dieses »Dampfrecycling« oder »Wasserrecycling« benötigt man also bei mehr Eiern in der Tat weniger Wasser! Der Trick sind die mehrfache Umwandlung von Wasser zu Dampf und die Rückverwandlung von Dampf zu Wasser auf der Oberfläche des Eis.

Es handelt sich hierbei um eine extrem effiziente Art des Energietransfers.

Der Übergang von flüssigem Wasser zu gasförmigem Dampf benötigt sehr viel Energie. Diese sogenannte Verdampfungsenergie beträgt 2260 kJ pro Liter Wasser! Das ist rund fünfmal die Energiemenge, die benötigt wird, um dieselbe Menge Wasser von 0 auf 100 °C zu erwärmen!

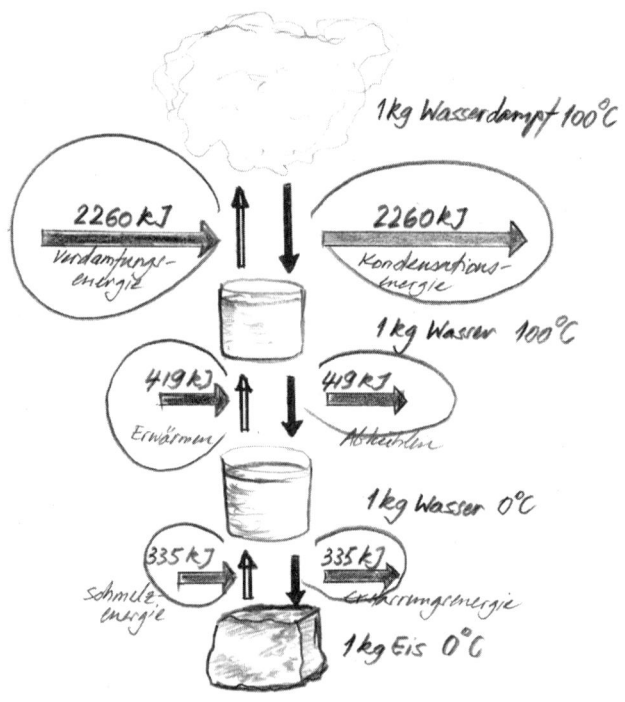

Diese Energie wird nur für den Phasenübergang benötigt. 100 °C heißer Dampf besitzt also deutlich mehr Energie als die entsprechende Menge an 100 °C heißem Wasser. Wenn sich Dampf in Wasser verwandelt, wird die gesamte zuvor gespeicherte Verdampfungsenergie wieder freigesetzt. Diese Kondensationsenergie beträgt natürlich ebenfalls 2260 kJ pro Liter Wasser. Das Ei im Dampfkocher wird also durch die Kondensationsenergie erhitzt. Das geschieht sehr effizient, denn im Vergleich zur konventionellen Methode wird die Energie sehr viel gezielter dem Ei zugeführt und verpufft nicht als ungenutzter Dampf.

Das Prinzip des »Dampfrecyclings« begegnet einem in vielen Bereichen der Technik: In modernen Brennwertheizungen wird die Kondensationswärme des Wasserdampfs im Abgas genutzt. Hierdurch steigt der Wirkungsgrad der Heizung. In allen Kraftwerken stößt man auf entsprechende Dampfkondensatoren.

Der geniale Einfall von James Watt, dem Erfinder der modernen Dampfmaschine, war die Entwicklung eines Dampfkondensators. Durch diese Verbesserung läutete er das moderne Industriezeitalter ein, und erst Jahrhunderte später sollte dann ein weiteres Gerät die Gesellschaft bereichern: der Dampfeierkocher!

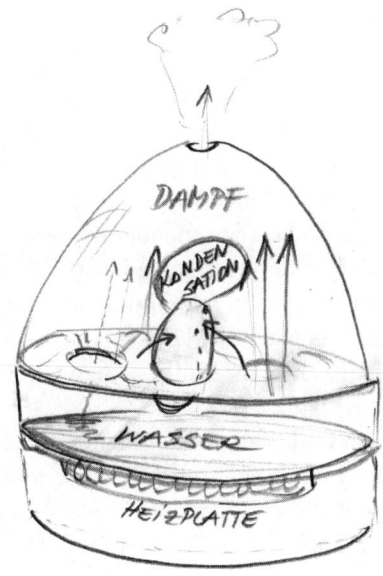

Warum ist es so schwer,
ein perfektes Ei zu kochen?

13 Wenn jemand als »Weichei« bezeichnet wird, will man ihm nicht gerade schmeicheln. Wer sich aber einmal klargemacht hat, wie schwierig es ist, ein perfektes Weichei (Eiweiß hart und Eigelb weich) zu kochen, der hat zukünftig vielleicht ein bisschen mehr Respekt vor »Weicheiern«!

Wer glaubt, wir seien eine aufgeklärte Gesellschaft, die alles rational angeht, der irrt! Das Eierkochen ist der klare Beleg für das Gegenteil: Da gibt es unzählige Menschen, die völlig nach Gefühl ein Ei im Wasser kochen. Schon zu Beginn herrscht Unwissenheit: Sollte man das Ei direkt in kaltes Wasser geben und dann noch eine Minute lang kochen lassen, oder ist es besser, die Eier in das bereits kochende Wasser zu tauchen? Die Küchenuhr wird zwar pro forma gestellt, mal sind es drei Minuten, mal sind es fünf, so ganz genau weiß das niemand. Und dann wird das heiße Ei so lange abgeschreckt, dass man sich erneut fragen muss: Wofür das Ganze?

Am Ende jedenfalls landen die Eier auf dem Frühstückstisch, und das Köpfen gleicht einer morgendlichen Lotterie: Mal sind die Eier hart, mal sind sie weich! In einer Gesellschaft, die Satelliten in den Weltraum befördert und Hochhäuser in schwindelerregende Höhen treibt, scheint eine so schlichte Angelegenheit wie das Eierkochen wohl immer noch ein Rätsel zu sein.[6]

Dabei klingt alles so einfach: Die Kunst besteht darin, ein Ei mit festem Eiklar und mit flüssigem Eidotter zu produzieren. Durch das heiße Wasser verändert sich die Struktur der Moleküle. Der Dotter fängt bei 65 °C an zu stocken, daher darf das Innere des Eis nie zu heiß werden.

Das Eiklar besteht aus einer Vielzahl von Proteinen, vornehmlich dem Ovalbumin und dem Conalbumin. Durch die Wärme denaturiert das Eiweiß und wird dabei fest. Ovalbumin gerinnt bei 84,5 °C, Conalbumin hingegen bei 61,5 °C. Wenn die Eier im heißen Wasser liegen, wird Wärme von außen nach innen geführt. Physikalisch passiert dabei etwas sehr Interessantes: Der Umwandlungsprozess des Eiklars schluckt jede Menge Energie. Solange das Eiklar also flüssig ist, wird die einströmende Energie für den Umbau der Moleküle verbraucht, und somit gelangt nicht genügend Energie ins Innere, und das Eigelb bleibt flüssig. Sobald sich jedoch das Eiweiß verfestigt hat, verschwindet diese schützende Barriere, und es wird kritisch. Genau das ist der Moment, in dem man das Ei aus dem Wasser nehmen muss.

Die Temperatur des kochenden Wassers beträgt etwa 100 °C, vorausgesetzt Sie kochen nicht im Gebirge, denn je höher man steigt, desto geringer ist der Luftdruck. Wasser beginnt dann bereits bei niedrigeren Temperaturen zu kochen. Auf der knapp 3000 Meter hohen Zugspitze blubbert das Wasser bereits bei 90 °C, auf dem Mount Everest kocht Wasser bei nur 70 °C. Ich gebe aber zu, ich kenne bislang niemanden, der Frühstückseier auf dem Everest gekocht hätte! Bei herabgesetzter Siedetemperatur[7] ist der Wärmetransport vom Wasser in das Ei geringer, und somit muss man Gebirgseier länger kochen!

Doch bleiben wir am Boden. Ein weiterer und sicherlich wichtiger Faktor ist die Temperatur des Eis zu Beginn der Kochphase. Stammt das Ei direkt aus dem Kühlschrank, ist es etwa 4 °C kalt. Im kochenden Wasser braucht es mehr Zeit, um sich zu erwärmen, als ein Ei mit Zimmertemperatur.

Natürlich spielt auch die Größe des Eis eine Rolle: Je größer das Ei, desto länger muss es kochen. Betrachtet man diesen Punkt etwas genauer, zeigt sich eine weitere Stolperfalle: Es kommt nämlich auch auf das Verhältnis von Oberfläche zu Volumen an. Ein doppelt so großes Ei besitzt nicht die doppelte Oberfläche. Warum ist das so wichtig?

Intuitiv ist das jedem Koch klar: Ein großes Stück Fleisch braucht am Stück wesentlich länger zum Garen als die entsprechende Menge an zerkleinerten Fleischstücken. Die gesamte Energie beim Kochen fließt eben über die Oberfläche ins Innere des Eis. Je größer das Ei ist, desto kleiner fällt seine relative Oberfläche aus, und umso weniger Energie kann eindringen. Die Größe des Eis ist also ein empfindlicher Faktor, denn die Kochzeit hängt vom Quadrat des Ei-Durchmessers ab. Ein im Durchmesser doppelt so großes Ei bedeutet eine Vervierfachung der Kochzeit.

Damit sind alle Faktoren bekannt, so dass man eigentlich exakt ausrechnen können sollte, wie lange ein Ei kochen muss. Der Physiker Charles D. H. Williams von der University of Exeter, Professor Dr. Thomas Vilgis vom Max-Planck-Institut für Polymerforschung in Mainz und auch der experimentelle Physik-Kulinariker aus Wien, Werner Gruber, haben sich des Problems angenommen, und so findet sich in den Reihen der Wissenschaft tatsächlich eine »Weichei-Formel«, die ich Ihnen nicht vorenthalten möchte:

$$t_{koch} = \frac{c\,\rho^{1/3}}{\pi^2\,\kappa\,(4\pi/3)^{2/3}}\,M^{2/3}\,\log_e\left[0{,}76\cdot\frac{(T_{ei}-T_{wasser})}{T_{gelb}-T_{wasser}}\right]$$

Unsere Eier im Kühlschrank besitzen einen Durchmesser von 45 Millimetern. Hieraus ergibt sich laut Formel eine Kochzeit von exakt 5,5 Minuten. Das alte Rezept des Drei-Minuten-Eis gilt nur für sehr kleine Eier mit einem Durchmesser von etwa 33 Millimetern, und vermutlich stammt es ohnehin aus der Vor-Kühlschrankzeit.

Trotz aller Theorie ist das Problem noch nicht endgültig gelöst: Bei unserer großen Familie landen oft viele Eier gleichzeitig im Topf. Das kochende Wasser kühlt daher zunächst ab, bis es erneut zu blubbern beginnt. Bei dieser großen Menge verlängert sich logischerweise auch die Kochzeit, doch hierfür kann ich keine allgemeine Formel anbieten. Jeder Herd und auch jeder Kochtopf verhalten sich anders. Manche sind träge, und es dauert lange, bis das Wasser erneut kocht, andere reagieren schneller auf die kurzzeitige Abkühlung. Aus diesem Grund meide ich auch die Kaltwassermethode: also Eier in das kalte Wasser geben und etwa eine Minute nach dem Kochen herausnehmen. Dieses Verfahren spart zwar theoretisch etwas Energie, jedoch ist neben der jeweiligen Trägheit des Herds auch die Zeitmessung ein Problem, da ich oft den genauen Moment des Kochens verpasse.

Leider gibt es noch weitere Faktoren, die den endgültigen Erfolg zunichte machen können. Die Füllhöhe des Kochtopfs, das Alter der Eier, welches auch ihr Inneres verändert, oder gar eine geplatzte Schale bringen alles durcheinander.

Wenn ich mir die Komplexität des Eierkochens vergegenwärtige, beginne ich zu staunen. Beim traditionellen Frühstück der Astronauten und Kosmonauten sieht man die Helden ja häufig, während sie vor ihrer Flucht in die Schwerelosigkeit ein letztes Mal an einer irdischen Tafel sitzend ein perfekt weich gekochtes Frühstücksei genießen. In solchen Momenten habe ich inzwischen zeitweilig mehr Respekt vor dem Koch als vor den Raumfahrern!

Warum kann Mehl explodieren?

Aufgepasst:
Kleine und große Katastrophen

Warum kann
Mehl explodieren?

14 In meiner Jugend durchlief ich, wie viele Jungen, die auf dem Dorf leben, eine gefährliche Experimentierphase. Gemeinsam mit meinen Freunden versuchte ich, »Bomben« zu bauen. Alles wurde getestet, und ich verzichte an dieser Stelle sehr bewusst darauf, ins Detail zu gehen, denn es ist aberwitzig, wie viele unschuldige Haushaltsmittel durch geschicktes Mischen und Kombinieren zu wirkungsvollen Sprengsätzen werden!

Im Laufe der Zeit erfreuten wir uns an zischenden Mixturen, mit denen wir selbstgebaute Raketen in den Himmel schossen oder unsere Schule in einen dichten Nebelteppich hüllten. Unsere besten Entdeckungen wurden immer mit Hausarrest und Nachsitzen belohnt, und in der Stille unserer Bestrafung dachten wir bereits über neue Kombinationen und Projekte nach. Aus chemischer Sicht entdeckten wir dabei, ohne es zu wissen, die elementaren Gesetze der Reaktionskinetik oder die verblüffende Wirkung von Katalysatoren.

Unsere armen Eltern verzweifelten fast und litten bei der einen oder anderen Gelegenheit vermutlich unter panischen Angstattacken. An dieser Stelle möchte ich mich daher in aller Öffentlichkeit für unsere jugendliche Experimentierfreude entschuldigen. Es war nie böse gemeint. Vielmehr waren wir vom Virus der Neugier befallen, von der hemmungslosen Lust am Probieren. Noch heute profitiere ich von dieser Erfahrung und, ehrlich gesagt, blicke ich mit Herzklopfen auf unsere wunderbare »Bombenphase« zurück.

Unter allen Mixturen haben wir jedoch einen Stoff übersehen, dessen Zerstörungskraft alles andere in den Schatten stellt: Mehl!

Die erste dokumentierte Mehlstaubexplosion ereignete sich am 14. Dezember 1785 in einem Mehllager im italienischen Turin.[8] Der Vorfall wurde in den Memoiren der Akademie der Wissenschaften Turins genau festgehalten. Graf Morozzo untersuchte damals den Ort und beschrieb den Vorfall in der Bäckerei Giacomelli. Es war trocken, und auch das Mehl war nach den Schilderungen der Angestellten besonders trocken. Die Explosion verletzte ein paar junge Mitarbeiter und war von solcher Heftigkeit, dass Fenster zerstört wurden und Fensterrahmen auf die Straße fielen. Morozzo befragte viele Zeugen und erfuhr, dass auch andere Bäckereien der Gefahr des Mehlstaubs schon begegnet waren. Diese Gefahr ist längst nicht gebannt: Allein 1977 kamen in den USA bei fünf Staubexplosionen in Getreidesilo-Anlagen 59 Personen ums Leben, 49 wurden verletzt.

Am 6. Februar 1979 löste durch Schweißarbeiten verursachter Funkenflug in der Bremer Rolandmühle eine Kettenreaktion an Verpuffungen aus. Die Dächer der Silos wurden durch die Druckwelle hochgerissen, Wände zum Einsturz und ganze Gebäude zum Bersten gebracht. Noch in weiter Entfernung zur Mühle gingen in Wohnhäusern Fensterscheiben zu Bruch, und über einem etwa 30 Hektar großen Areal ging ein Regen aus Mehl nieder. 14 Tote, 17 Verletzte und ein Sachschaden von umgerechnet mehr als 50 Millionen Euro waren die Folgen dieser katastrophalen Mehlstaubexplosion.

Je feiner das Mehl ist, desto größer wird seine gesamte Oberfläche, denn bei jedem Zerteilen eines Körnchens entsteht an der Bruchzone eine weitere Oberfläche. Jeder, der Kaminholz hackt, arbeitet nach demselben Prinzip: Je kleiner und feiner das Holz zerteilt wird, desto besser brennt es. Obwohl die Menge an Getreide gleich bleibt, führt das Mahlen also zu einer extremen Vergrößerung der Oberfläche, wodurch sich auch die Kontaktfläche zur Luft und zum darin enthaltenen Sauerstoff vergrößert. Die Staubpartikel können zudem Wärme hervorragend aufnehmen und weitergeben. Der kleine Brand verwirbelt den Staub in der Umgebung. Dieser zündet daraufhin und verursacht eine weitere noch größere Druckwelle. Immer mehr Staub verwirbelt und verursacht auf diese Weise eine Kettenreaktion.

Anhand von Bärlappstaub, wie er bei Theatereffekten benutzt wird, kann man das Prinzip verdeutlichen: Der winzige Staub brennt kaum, wenn er in einer Schale liegt. Verwirbelt man den Staub durch festes Pusten, bildet sich ein kritisches Gemisch, das beim Kontakt mit einer Flamme verpufft. Je nach Konzentration, Feinheit und Trockenheit des Staubs kann daraus sogar eine explosive Mischung entstehen.

Staubexplosionen kommen nicht nur bei Mehl vor, sondern grundsätzlich bei allen brennbaren Stäuben: Von Kakaopulver über Zucker, bis hin zu Holz, Kunststoff oder sogar Aluminium. Sie sind weit häufiger, als man denkt, denn fast täglich kommt es irgendwo in Europa zu einer Staubexplosion. Versicherungsgesellschaften haben Hunderte von derartigen Schadensfällen protokolliert:[9] Mal sind es eine Zuckerfabrik, mal ein Silo oder sogar ein Hafen, in dem Schiffe mit Sojamehl beladen werden: 2002 zerstörte eine Staubexplosion, die sich während der Beladung eines Schiffs mit Soja im Hafen von San Lorenzo in Argentinien ereignete, den gesamten Terminal!

Obwohl in modernen Industrieanlagen eine ganze Reihe von Vorkehrungen gegen Staubexplosionen getroffen werden, lässt sich die Gefahr nicht völlig eindämmen. Kaum eine Substanz wird nach wie vor von Laien in ihrer Gefahr so unterschätzt wie Mehlstaub.

Zum Glück wusste ich in meiner Jugend noch nichts davon ...

Wie gefährlich ist ein **Autocrash mit Tempo 100?**

15 Das erste Auto ist immer etwas Besonderes, und unser Sohn hatte lange dafür gespart. Das Tor zur Freiheit stand nun weit offen, und meine Frau und ich hofften, dass die ersten Fahrversuche möglichst ohne Kratzer verlaufen würden. Die Vergänglichkeit der Zeit wird einem wohl nie so deutlich wie in dem Augenblick, wenn das eigene Kind alleine mit dem Wagen abfährt. Gestern, so scheint es, hat man ihm noch die Windeln gewechselt, und jetzt ruft man ihm den überflüssigen Satz hinterher, den alle besorgten Eltern ihren Sprösslingen mit auf den Weg geben: »Bitte fahr vorsichtig!«

Einige Wochen später klingelte das Telefon. Schon an der ernsthaften Stimme meines Sohnes erkannte ich, dass es passiert war. »Bitte komm ...«

Unfallautos strahlen eine unerträgliche Ruhe aus. Es war an einer Kreuzung passiert, beim Linksabbiegen. Ein klassischer Anfängerfehler. Eine gleichaltrige Freundin hatte zwar hinter dem Steuer gesessen, doch das war eher ein Zufall. Zwei Autos hatten sich an diesem Nachmittag in Sekundenbruchteilen zu wirtschaftlichen Totalschäden verwandelt. Zum Glück war keiner der Beteiligten verletzt worden.

Mein Sohn weinte seinem Auto nach, und auch ich hatte Tränen in den Augen, weil mir verdeutlicht wurde, wie schnell man seine gerade erwachsenen Kinder verlieren kann. Knautschzonen, Airbags und Sicherheitsgurte hatten ihren

Dienst getan; zum Glück waren beide Autos nicht zu schnell gewesen. Was aber, wenn sich der identische Unfall bei 100 km/h ereignet hätte? Wären dann immer noch alle unverletzt geblieben?

Moderne Autos suggerieren ihren Insassen eine trügerische Sicherheit. Antiblockiersysteme, elektronische Spurkontrolle, Airbags und verstärkte Fahrgastzellen werden gerne als Werbung für Sicherheit genannt, und schon längst haben gut gedämpfte Innenräume uns jedes Gefühl für die tatsächliche Geschwindigkeit abtrainiert. Ich erinnere mich an einen Werbespot eines französischen Autobauers, der einen Crashtest mit dem Topmodel Claudia Schiffer als »Dummy« absolvierte. Nach der gut inszenierten Kollision steigt die schöne Frau unverletzt und makellos aus. Die Botschaft lautete: Moderne Autos sind sicher. Einige Monate später las ich, dass dieser Spot angeblich bei Tempo 30 gedreht wurde ...

Die offiziellen Euro-NCAP-Crashtests finden immer bei 64 km/h statt: Das Testfahrzeug wird beschleunigt und trifft dann seitlich frontal auf eine deformierbare Barriere. Beim Seitencrash sind es nur 50 km/h, und beim »Pfahlcrash« prallt das Fahrzeug mit 30 km/h seitlich in Höhe des Fahrers auf eine Stahlsäule. Alle diese offiziellen Tests finden also bei vergleichsweise niedrigen Geschwindigkeiten statt, und interessanterweise gibt es in der gesamten Autobranche keinen verbindlichen Crashtest bei Tempo 100.

Auf deutschen Autobahnen rasen wir noch immer ohne Tempolimit, und auf jeder Autoschau präsentiert man uns neue Luxusmodelle mit atemberaubenden Motorleistungen, doch nach einem Crashtest bei hohen Geschwindigkeiten sucht man vergebens. Wir sollten das ändern.

Gemeinsam mit meinen Kollegen von »Quarks & Co« kontaktierte ich diverse Versuchsanlagen, Autofirmen und zuständige Testzentren, aber trotz der Begeisterung der Ingenieure für unser Vorhaben gab es immer »von oben« eine Absage. Offensichtlich war die Automobilindustrie gar nicht so erpicht auf das Ergebnis eines Kollisionstests bei hoher Geschwindigkeit. Wir gaben dennoch nicht auf und beschlossen nach zahlreichen Absagen, selbst einen Test durchzuführen.

Journalisten berichten normalerweise über Ereignisse, doch nun machten wir unseren eigenen Versuch. Trotz Sperre und ohne Wissen ihrer Chefs halfen uns Ingenieure und Techniker mit wertvollen Tipps und Ratschlägen: Von der Haltung des Dummys bis zur Position der Hochgeschwindigkeits-Kameras musste nämlich alles stimmen. Der Standard-Crashtest verlangt zum Beispiel, dass das Fahrzeug genau mit 40 Prozent der Vorderseite auf die Barriere treffen muss. Dazu gehört auch, dass der Wagen nicht mit dem eigenen Motor beschleunigt, sondern von Stahlseilen gezogen wird.

In unserem Fall zog ein Lastwagen unser Testfahrzeug über einen Flaschenzug und beschleunigte es in acht Sekunden von 0 auf 100 km/h. Wir setzten ein »ausgeliehenes« Hightech-Dummy in unser Unfallfahrzeug und statteten es mit zahlreichen Beschleunigungssensoren aus, denn nur so kann man sich ein präzises Bild der Beschleunigungskräfte machen, die im Moment des Aufpralls auf die Insassen wirken. Die Vorbereitungen waren akribisch, denn bei diesem außergewöhnlichen Versuch wollten wir uns nicht durch Verfahrensfehler angreifbar machen. In solchen Momenten zählt gute Teamarbeit, und die Mitarbeiter von »Quarks & Co« waren grandios!

Die Kollision dauerte gerade einmal eine Zehntelsekunde. Ein heftiger Knall gefolgt von gespannter Stille. Die surrenden Hochgeschwindigkeitskameras zeigten uns aus verschiedenen Perspektiven, was bei dieser so anderen Kollision passiert war, und es wurde schnell klar, warum die Automobilindustrie bei diesem Versuch nicht mitmachen wollte:

Die Vorderseite des Wagens, die üblicherweise den Stoß auffängt, wurde komplett eingedrückt und teilweise in den Innenraum der Fahrgastzelle geschoben. Bei unserem Dummy federte der Kopf nicht wie üblich vom Airbag zurück, sondern durchschlug ihn und prallte auf das Lenkrad. Schwere Kopfverletzungen wären die unausweichliche Folge gewesen. Die Belastung des Oberkörpers durch Gurt und Lenkrad war extrem, denn kurzzeitig wirkte auf den Körper eine Bremskraft, die dem Sechzigfachen der Erdbeschleunigung entsprach. Ein Mensch hätte sich dabei mehrere Rippen gebrochen und eine Lungenquetschung zugezogen. Auf den Zeitlupenbildern konnte man zudem sehen, wie unser Dummy unter dem Gurt nach vorne rutschte und hart mit den Knien anstieß. Die Folge wären Oberschenkelbrüche, eine beidseitige Beckenfraktur und innere Verletzungen an Leber und Darm gewesen.

Im direkten Vergleich mit dem Euro-NCAP-Test bei 64 km/h war die auf den Dummy wirkende Kraft bei unserem Versuch mit 100 km/h mehr als doppelt so groß. Es ist ein Gesetz der Physik: Die Energie des Aufpralls wächst quadratisch im Verhältnis zu der Geschwindigkeit. Doppelt so schnell fahren verdoppelt daher nicht einfach die zerstörerische Energie, sondern vervierfacht sie.

Ein menschlicher Fahrer hätte unseren Crash trotz Knautschzonen, Airbags und Sicherheitsgurt höchstwahrscheinlich nicht überlebt.

Unsere Daten belegen, dass all die sinnvollen Sicherheitsmaßnahmen in unseren Autos bei hoher Geschwindigkeit irgendwann an ihre Grenzen stoßen.

Die beste Sicherheitsmaßnahme ist daher: Fuß vom Gas!

Was tun, wenn der Blitz
ins Wasser einschlägt?

16 In Gedanken hatte ich mir die Frage schon länger gestellt: Was ein Blitz beim Einschlag in einen Baum oder in ein Haus anrichten kann, ist bekannt. Doch was geschieht, wenn man im Meer oder in einem See von einem Gewitter überrascht wird? Was, wenn der Blitz ins Wasser einschlägt?

Da dies in der freien Natur schwer zu überprüfen ist, haben meine Kollegen von »Kopfball« das Duisburger Hochspannungslabor aufgesucht. Es war übrigens das erste Mal, dass ein solcher Versuch durchgeführt wurde. Der imposante Generator in diesem Labor erzeugt künstliche Blitze mit einer Spannung von über zwei Millionen Volt! Für den Test wurde in der großen Versuchshalle ein Schwimmbad aufgebaut.

Nach einer Aufladezeit gab es dann per Knopfdruck einen gigantischen Blitz. Allein der Knall ist Angst einflößend. Was dann in Bruchteilen einer Sekunde abläuft, erkennt man erst auf der Hochgeschwindigkeitsaufnahme:

Der Blitz trifft zunächst auf die Wasseroberfläche. Da Wasser den Strom schlecht leitet, kann die Energie nicht vollständig an einem Punkt abfließen. Daher breitet sich der Blitz über die Wasseroberfläche in alle Richtungen aus. Die Energie ist in der Nähe des Einschlagpunktes so hoch, dass das Wasser beim Kontakt mit dem Blitz sofort verdampft. Es bildet sich eine Wasserwelle. Je weiter man vom Einschlagpunkt entfernt ist, desto schwächer wird der Strom.

Als Ersatz für einen Menschen ging bei diesem Experiment eine Testpuppe ins Wasser. Sensoren im Becken erfassten die jeweiligen Spannungen.

Erneut der Blitzschlag: Dieses Mal schlug er direkt in die Puppe. Das Experiment wurde mehrfach wiederholt und die Puppe im Becken an unterschiedlichen Stellen positioniert, doch immer zeigte sich dasselbe Ergebnis: Die Puppe – oder in der Realität der Schwimmer – wurde getroffen und wirkte wie ein Blitzableiter. Der Grund: Der Blitz bevorzugt die höheren Objekte, und mitten in einem See gibt es keine Bäume oder Häuser, die den Blitzschlag ablenken könnten.

Selbst wenn man untertaucht, ist man chancenlos, denn auch unter Wasser fließt noch gefährlich viel Strom durch den Körper des Tauchers.

An diesem Tag knallte es häufig in der Halle, und am Ende gab es eine eindeutige Erkenntnis: Wenn es gewittert – raus aus dem Wasser!

Wie funktioniert ein
Feuerlöscher?

17 Er ist rot und steht meist eher unbeachtet in der Ecke, doch im Notfall ist er die Rettung: der Feuerlöscher. Aber wie funktioniert er?

Zunächst gilt bei jedem Brand: Man muss schnell reagieren. Als Laie unterschätzt man, wie schnell sich ein Feuer ausbreitet. Schon nach wenigen Minuten geht ein ganzes Zimmer in Flammen auf, und giftige Gase machen spätestens dann jeden Löschversuch zu einem lebensgefährlichen Unterfangen. Nur

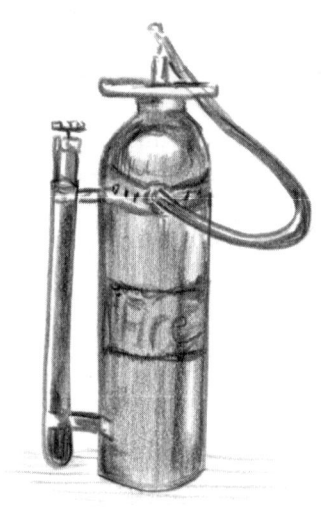

in der Anfangsphase eines Brandes hat man also überhaupt eine Chance.

Oft reichen zu Beginn Wasser oder eine Decke zum Löschen, doch schon bald braucht man den Feuerlöscher. Nur nebenbei gefragt: Wissen Sie in diesem Moment, wo Ihrer hängt?

In den meisten Haushalten nutzt man sogenannte Pulverlöscher. Beim Auslösen wird eine Druckpatrone aktiviert, woraufhin über eine Düse das Pulver verstreut wird.

In alten Feuerlöschern nutzte man sogar Backpulver![10] Dieses sogenannte Natriumhydrogencarbonat zersetzt sich oberhalb von 50 °C, wobei Wasser und Kohlendioxyd entstehen. Beim Backen lockern die kleinen CO_2-Bläschen den Teig auf. CO_2 löscht jedoch auch das Feuer.

Inzwischen werden bessere Pulvermischungen eingesetzt, und je nach Anwendung unterscheidet man zwischen den Brandklassen A, B, C und D.[11]

Moderne Löschpulver wirken wie eine mikroskopische Branddecke, denn sie trennen den Sauerstoff in der Luft vom brennbaren Stoff und ersticken so den Brand.

Im Rahmen eines Tests auf einem Spezialgelände bei der Feuerwehr hatte ich die Gelegenheit, einen präparierten Brand zu löschen. Der Ausbilder verriet mir, dass Laien häufig den Fehler begehen, zunächst selbst zu löschen, und nicht sofort die Feuerwehr alarmieren. Diese Verzögerung koste wertvolle Zeit.

Die Handhabung des Geräts ist zwar einfach, doch auch hier kann man vieles falsch machen! Bei einigen Modellen wird der Löscher direkt am Griff betätigt. Wenn man dann den Schlauch nicht festhält, schnellt er hoch und verletzt den Bediener.

Und so geht's: Schlauch lösen, Druckpatrone aktivieren, damit das Treibgas entweicht und im Feuerlöscher Druck entfaltet, und dann von vorne nach hinten bzw. von oben nach unten sprühen. Man sollte immer in Windrichtung arbeiten, denn sonst nebelt man sich ein und hat schnell Probleme mit den Rauchgasen. Bei größeren Bränden sollte man gleich mit mehreren Löschern arbeiten – und zwar gleichzeitig, nicht nacheinander.

Bei meinem Experiment klappte es ganz gut, doch schon nach wenigen Sekunden war der Feuerlöscher leer. Daher muss man von Anfang an gezielt arbeiten.

Mit etwas Geschick schafft es ein Laie, die Flammen zu bekämpfen, doch in jedem Fall sollte man mit Wasser nachlöschen, denn sonst entzünden sich die Glutnester erneut.

Es staubt übrigens extrem, und das feine Löschpulver bedeckt schnell den ganzen Raum. Das ist in der Tat ein Nachteil, denn vor allem bei kleinen Bränden sind die Folgeschäden durch das Löschmittel oftmals größer als der eigentliche Brandschaden. Der Zeitaufwand für die Reinigung ist immens. Den Feuerlöscher sollte man also nur im Extremfall benutzen.

Doch wo hängt er? Gerade in Bürogebäuden wissen die meisten trotz klarer Kennzeichnung nicht, wo sich der nächste »Lebensretter« befindet.

In manchen Ländern wird Brandschutz ohnehin kleingeschrieben, und ich traf dort auf zahlreiche öffentliche Bauten, in denen Feuerlöscher fehlten.

Auf die Frage, warum dies so sei, gab es schon einmal die zynische Antwort: »Mein Herr, immerhin sind wir versichert ...«

Warum sollte man **brennendes Öl** niemals mit Wasser löschen?

18 Ein gemütlicher Abend. Es gibt Fleischfondue, und plötzlich brennt das Öl. Was tun?

In der Hektik kommt jemand vielleicht auf die spontane Idee, das Feuer mit Wasser zu löschen. Doch ich versichere Ihnen, das ist keine gute Maßnahme.

Genau dieses Löschexperiment habe ich mit schwerer Feuerschutzkleidung durchgeführt: In einem Topf befanden sich zwei Liter heißes Öl. Bei einer Temperatur von 300 °C entzündet sich Öl von selbst: Die heißen Öldämpfe steigen auf, reagieren mit dem Sauerstoff in der Luft und brennen. Für die Flammenbildung ist also der direkte Kontakt zwischen heißen Öldämpfen und Luft entscheidend. Nach diesem Prinzip brennen übrigens Kerzen, denn auch hier kann man beobachten, dass die Flamme nie das Wachs oder den Docht direkt berührt, sondern leicht darüber leuchtet.

Der brennende Fonduetopf stand in einem Spezialcontainer der Feuerwehr. In voller Montur kippte ich ein Glas Wasser in den Topf.

Was dann geschah, übertraf meine Erwartungen: Es kam zu einer großflächigen Verpuffung, und im Bruchteil einer Sekunde stand ich inmitten eines grellen Feuerballs. Brennendes Fett spritzte in alle Richtungen. Ohne den silbrigen Ganzkörperanzug hätte ich mir schwere Verbrennungen zugezogen. Nach der »Löschaktion« brannte nicht nur der Topf, sondern auch das Umfeld. Ich hatte den Brand also noch verstärkt!

Doch wie kam es zu dieser dramatischen Reaktion? Beim Kontakt mit dem heißen Öl verdampfen die Wassertröpfchen schlagartig. Dabei dehnen sich die Wasserdampfbläschen aus und reißen das umgebende Fett mit sich. Die Fettteilchen sind immer noch extrem heiß und bekommen nun plötzlich Kontakt zur Luft und damit zum Sauerstoff. Hierdurch entzünden sie sich. Durch den Wasserdampf und das herumspritzende Fett vergrößert sich also die Kontaktfläche zur Luft um das Tausendfache. Die Flamme wird nicht erstickt, sondern von allen Seiten mit Sauerstoff gefüttert, und fast das gesamte Öl im Topf entzündet sich gleichzeitig. Dadurch bildet sich eine riesige Stichflamme.

Dieses Sprühprinzip wird bei sogenannten Aerosolbomben genutzt, deren verheerende Zerstörungskraft an die von kleineren Atombomben grenzt!

Brennendes Öl sollte man also niemals mit Wasser löschen. Doch was tun, wenn der Fonduetopf brennt? Die Lösung ist erstaunlich einfach: Man muss lediglich das brennende Öl vom Sauerstoff trennen. Setzt man einen Deckel auf den Topf, dreht man dem Brand die Luft ab, und die Flamme geht sofort aus.

Wenn Sie also demnächst mit Freunden Fondue genießen, denken Sie an den Deckel!

Warum darf man an der **Tankstelle kein Handy** benutzen?

19 Wir entwickeln uns immer mehr zu einer Verbotsgesellschaft. Egal wohin man blickt, begegnen einem Einschränkungen: Kindern wird in unseren Städten fast alles untersagt. Besucher im Schwimmbad oder Skifahrer müssen einen wachsenden Katalog an Verboten ertragen, ganz zu schweigen von Fluggästen, die schon beim Betreten des Flughafengebäudes zu potenziellen Tätern werden. Bei manchen Verboten habe ich ohnehin den Eindruck, dass es sich um Schikane handelt, um reinen Selbstzweck oder um die wirre Phantasie von schrägen Sicherheitsberatern. So kann mir niemand erklären, wieso meiner Tochter die Mitnahme einer Nagelschere im Handgepäck untersagt wird, wohingegen man den Passagieren der ersten Klasse Champagner in dicken Glasflaschen serviert. Ich frage Sie: Eine Champagnerflasche ist doch eher eine Waffe als eine zierliche Nagelschere? Wahrscheinlich geht man davon aus, dass Terroristen nur Economy fliegen!

Wenn Sie zum Tanken fahren, ist es Ihnen bestimmt schon aufgefallen: Die Benutzung des Handys ist dort verboten. Warum?

Tankstellen sind sensible Bereiche, denn die Benzindämpfe können sich durch einen kleinen Funken entzünden. Über die Antenne des Mobiltelefons wäre es ja theoretisch möglich, dass es zu einer solchen Funkenbildung kommen könnte.

In mehreren Studien wurde dies genauer untersucht: Eine

metallische Antenne müsste mindestens eine Leistung von sechs Watt abgeben, damit überhaupt die Möglichkeit einer Entzündung besteht. Bei den alten Mobiltelefonen war diese Gefahr in der Tat gegeben, denn sie besaßen eine Sendeleistung von bis zu 20 Watt. Heutige Mobiltelefone liegen hingegen bei unter einem Watt. Das Telefonieren ist also nicht gefährlich.

Das Handy könnte aber auch zu Boden fallen und der herausfallende Akku durch einen Kurzschluss ebenfalls Funken bilden, mit denen ein Feuer entfacht wird.

Die Fachwelt urteilt: theoretisch möglich, aber praktisch so gut wie ausgeschlossen. Dabei verweisen die Experten darauf, dass es bislang keinen eindeutigen Fall gegeben hat, bei dem ein Handy ganz direkt zu einem Brand geführt hätte. Zwar kursieren im Internet einige Geschichten, doch keine einzige davon ist haltbar oder genau dokumentiert. Obwohl es also aus Sicht der Fachleute keinen triftigen Grund für ein Verbot gibt, wird daran wohl nicht gerüttelt werden.

Weit gefährlicher als jedes Handy ist die statische Aufladung des Fahrers. Hier gibt es immerhin gleich eine Reihe gut dokumentierter Fälle: Manche wurden mit der Videoüberwachungskamera festgehalten. In einem Fall sieht man eine Frau beim Tanken. Es ist Winter, und die Außenluft ist trocken. Nachdem sie den Zapfhahn in den Tankstutzen gesteckt hat, wartet die Frau im Wagen.

Die Reibung ihrer Kleidung am Autositz führt zu einer statischen Aufladung. Ihre Schuhe mit Gummisohlen wirken wie ein Isolator, und so entlädt sich die Spannung, nachdem die Frau den Zapfhahn berührt hat. Es funkt, und die Benzindämpfe entzünden sich. Zum Glück reagiert die Frau richtig, unterbricht den Benzinzufluss und verhindert so einen größeren Brand. Statische Aufladung ist offensichtlich ein weit größeres Risiko als eingeschaltete Handys. Wenn Sie bei kaltem und trockenem Wetter auf Nummer sicher gehen wollen, dann berühren Sie nach dem Aussteigen das Metall des Wagens, bevor Sie den Zapfhahn anfassen. Mögliche Aufladungen werden so neutralisiert.

Lassen Sie uns hoffen, dass jetzt niemand vorschlägt, Wollpulliverbote an Tankstellen zu verhängen.

Ist das eingeschaltete **Handy an Bord** eines Flugzeugs gefährlich?

20 »Mobiltelefone müssen während des gesamten Fluges ausgeschaltet bleiben«, heißt es an Bord von Passagierflugzeugen.

Während an der Tankstelle die mögliche Funkenbildung durch das Mobiltelefon als Risikofaktor angesehen wird, ist es im Flugzeug die mögliche Beeinträchtigung der Bordelektronik durch den Sender des Telefons. Doch sind eingeschaltete Handys an Bord wirklich gefährlich?

Immerhin gibt es im Flugzeug gleich ein Dutzend hochsensibler Empfänger. Hierzu zählen die Empfänger des Funkfeuers, mit dem das Flugzeug navigiert, Abstandsempfänger, die den Abstand zum Beispiel zum Flughafen angeben, Gleitwinkelempfänger, die bei der Landung genutzt werden, oder GPS-Antennen. Ein eingeschaltetes Mobiltelefon könnte theoretisch diese wichtigen Instrumente beeinflussen. Die Folge wäre eine Katastrophe.

Jedes Mobiltelefon ist ein kleiner Sender, der sowohl beim Wählen als auch im Standby-Betrieb regelmäßig elektromagnetische Wellen ausstrahlt. Man kann diese Impulse sogar hören, wenn man das Handy zum Beispiel in die Nähe eines Verstärkers hält. Es gibt dann ein charakteristisches Knattern. Obwohl dieses Geräusch laut klingt, ist die Sendeleistung eines modernen Mobiltelefons dennoch sehr gering. Nur durch die Verstärkung hört man das Knacken im Lautsprecher.

Das Handy funkt bis zum nächsten Sendemast, und der liegt in Städten meist wenige hundert Meter vom eigenen Standort entfernt. Durch diese Funkzellenstruktur kommt man beim Handy mit einer sehr geringen Sendeleistung aus. Stellen Sie sich jedoch vor, Sie schalten Ihr Handy während des Fluges ein. Der Abstand zum nächsten Sendemast am Boden ist jetzt sehr viel größer, und ihr Handy schaltet automatisch auf maximale Sendeleistung. Das könnte in der Tat die Elektronik im Flieger stören, jedoch stufen Fachleute die effektive Gefahr als eher gering ein. Bei einer drei Monate laufenden Untersuchung konnte man nachweisen, dass trotz des Verbots auf jedem typischen Flug mindestens ein Handy eingeschaltet ist. Es gab zwar einige protokollierte Auffälligkeiten, wie zum Beispiel falsche Cockpitanzeigen, aber bislang ist kein Flugzeug durch ein Mobiltelefon abgestürzt.

An Bord eines kleinen Privatflugzeugs habe ich den Fall gemeinsam mit dem Piloten getestet. Unser eingeschaltetes Handy hatte keinerlei Auswirkung auf die Bordelektronik. Obwohl ich das Telefon bewusst in die Nähe der Fluginstrumente hielt, gab es keinen Effekt. Allerdings war das Telefonieren während des Fluges ebenfalls unmöglich, da das Handy aufgrund der Flughöhe keinen Netzempfang hatte.

In der Fliegerei gilt das Prinzip: »Sicherheit an erster Stelle«, und so will man kein Risiko eingehen. Das ist auch gut so, denn allein die Vorstellung, inmitten einer fliegenden Telefonzelle zu reisen, wäre für mich ein Albtraum.

Dieses Mal freue ich mich ausnahmsweise über ein Verbot: Die Welt über den Wolken bleibt eine handyfreie Zone!

Was passiert, wenn während des Fluges ein **Triebwerk ausfällt?**

21 Wir leben in einer Welt der Illusionen. Nirgendwo sonst wird mir das so bewusst wie im Flugzeug. Da rasen wir annähernd mit Schallgeschwindigkeit durch einen eiskalten, menschenfeindlichen Luftraum und sehen uns dabei langweilige Bordvideos an oder wählen bei dem immer wiederkehrenden Bordmenü zwischen Hähnchen und Pasta. Der Blick aus dem Fenster offenbart zwar die Schönheit unseres Planeten, doch in dieser Höhe schrumpfen Städte zu winzigen Nervenzellen, Küstenlinien werden zu grafischen Gebilden, und das Eis der Polarregionen erscheint wie abstrakte Kunst. Den gesamten Flug lang werden wir abgelenkt mit kostenlosen Getränken, kleinen Erdnusspackungen oder absurden Einreiseformularen, die wissen wollen, ob wir beim

Betreten der Neuen Welt vielleicht einen Anschlag verüben wollen. Hoch oben versucht man uns zu täuschen und gaukelt uns eine heile Welt vor, denn die Vorstellung, dass wir alle eingesperrt in einem dünnhäutigen Blechrohr durch den Raum rasen, wäre unerträglich. Auf einem Flug nach Atlanta kam ich mit einem älteren Herrn, der neben mir saß, ins Gespräch. Offensichtlich war es sein erster Flug. Während ihres Rundgangs fragte die Flugbegleiterin: »Gehören Sie zusammen?« Der alte Mann blickte erstaunt um sich und antwortete: »Gehören wir nicht alle zusammen?« Flugreisende sind eine Schicksalsgemeinschaft.

Doch stellen Sie sich vor, Sie sitzen im Flugzeug, und plötzlich fällt ein Triebwerk aus. Stürzt man dann unweigerlich ab?

Zunächst gilt in der Verkehrsfliegerei ein wichtiges Prinzip: Redundanz. Doppelt hält besser. Deshalb gibt es keine einmotorigen Verkehrsflugzeuge. Es sind also immer mindestens zwei Propeller oder Turbinen vorhanden. Bei einem Ausfall kann das Flugzeug auch mit einem Triebwerk problemlos weiterfliegen. Allerdings führt der einseitige Schub zu erhöhtem Treibstoffverbrauch. In so einem Fall muss das Flugzeug trotzdem am nächstgelegenen Flughafen landen.

Kritisch beim Fliegen ist vor allem die Startphase, denn hier werden die Turbinen ja besonders beansprucht. Was, wenn ausgerechnet dann etwas passiert?

Wenn zum Beispiel bei einem zweistrahligen Jet wie dem Airbus A 320 oder B 737 während des Starts ein Triebwerk ausfällt, reicht der restliche Schub immer noch aus, um den Steigflug fortzusetzen. In der Zulassungsphase lassen die Luft-Luftfahrtbehörden genau dies immer testen, und in regelmäßigen Abständen trainieren Piloten im Simulator diesen Triebwerkausfall. Vor jedem Start wird das jeweilige Prozedere für diesen Fall zwischen den Piloten laut und deutlich besprochen. Wenn es dann passiert, wird routinemäßig reagiert.

Unwahrscheinlich ist der Ausfall beider Triebwerke. Die spektakuläre Wasserlandung des US-Airways-Flugzeugs im Hudson in New York im Jahr 2009 wurde in den Medien daher als Wunder gefeiert: Durch Vogelschlag kam es während der Startphase zum Ausfall beider Triebwerke. Doch dank der Erfahrung und Routine des Kapitäns kam bei der anschließenden Wasserlandung niemand zu Schaden.

Statistisch gesehen passiert ein einzelner Triebwerksausfall derzeit etwa alle 8 000 bis 10 000 Flugstunden. Da die Turbinen jedoch unabhängig voneinander arbeiten, ist ein Totalausfall aller Triebwerke äußerst unwahrscheinlich, aber prinzipiell immer noch möglich.

Nehmen wir diesen sehr unwahrscheinlichen Extremfall an: Sie trinken gerade Ihren Kaffee an Bord, und plötzlich fallen alle Triebwerke gleichzeitig aus. Von einem Moment auf den anderen fehlt der gesamte Schub! An Bord würden Sie zunächst kaum Notiz davon nehmen. Ein leichter Ruck, mehr nicht.

Das Flugzeug fällt nicht zu Boden wie ein Stein. Große Passagierjets besitzen nämlich Gleiteigenschaften wie ein Segelflugzeug. Selbst im Normalbetrieb drosseln die Piloten den Schub während des regulären Sinkflugs stark ab, um möglichst wenig Treibstoff zu verbrauchen. Ein moderner Passagierjet kann bei abgeschalteten Turbinen im Gleitflug aus der Reiseflughöhe von 10 000 Metern etwa 200 Kilometer weit fliegen. In dieser Phase hat die Crew genügend Zeit, um die ausgefallenen Triebwerke erneut zu starten. Und selbst wenn das nicht gelingt, kann jedes Verkehrsflugzeug auch ohne laufende Triebwerke landen. Auch das wird routinemäßig geübt. Wenn es da oben also still wird, wissen Sie: Flugzeuge sind sehr sicher, und wir gehören alle zusammen!

Warum kann es
im Sommer hageln?

22 Im Winter gibt es Schnee, im Sommer Regen, doch wie kann es sein, dass es an heißen Sommertagen hagelt? Woher stammt dieses Eis vom Himmel?

Damit es hageln kann, müssen mehrere Bedingungen erfüllt sein: Zunächst muss es sehr heiß und schwül sein. Die Luft ist dann reich an Wasserdampf. Durch die Sonne heizt sich die Luft über dem Boden auf und steigt nach oben. Mit der Zeit bilden sich Gewitterwolken, die einem gigantischen Aufzug gleichen. Im Innern herrschen starke Aufwinde, und so steigen die Wassertröpfchen bis in große Höhen auf. Dabei kühlt das Wasser ab, doch es gefriert noch nicht. Es bildet sich also eine Wolke aus unterkühltem Wasser.

Dieses Phänomen kennen Sie daher, wenn Sie zum Beispiel eine Wasserflasche im Eisfach lagern. Manchmal ist das Wasser immer noch flüssig, obwohl die Temperatur im Minus-Bereich liegt. Eine kleine Störung – zum Beispiel das Öffnen der Flasche – reicht, und schlagartig gefriert das Wasser.

In der Wolke bilden sich ebenfalls durch Staub oder sonstige Störungen kleine Eiskristalle, die im Kontakt mit dem umgebenden unterkühlten Wasser schnell wachsen. Bei einer kritischen Größe würden die kleinen Eiskörner zu schwer und normalerweise zu Boden fallen. Aber durch die Umwandlung von Wasser zu Eis wird Energie freigesetzt, und es entsteht sehr viel Wärme. Durch diese zweite Aufheizung – »latente Wärme«, sagt der Fachmann – entsteht ein weiterer starker

Auftrieb, und die Körner fliegen nach oben, anstatt nach unten zu fallen.

Hagelkörner durchlaufen eine Wolke oft mehrmals – rauf und wieder runter – und wachsen dabei immer mehr. Wenn Sie ein größeres Hagelkorn durchschneiden, erkennen Sie das Auf und Ab an seiner charakteristischen Ringstruktur.

Irgendwann sind die Körner so groß, dass sie im Aufwind der Wolke nicht mehr nach oben gelangen. Ab einem Durchmesser von fünf Millimetern spricht man von Hagel; Körner, die kleiner sind, bezeichnet man als Graupel.

Durchschnittliche Hagelkörner sind etwa einen Zentimeter groß, doch es gibt auch sehr viel größere Exemplare, welche Tischtennisballgröße erreichen können.[12] Diese Geschosse fallen mit mehr als 100 km/h zu Boden und können extremen Schaden anrichten. In Deutschland ist vor allem der Süden betroffen.

Am 12. Juli 1984 gab es zum Beispiel im Münchener Raum ein Hagelunwetter. Autos und Gebäude wurden zerstört und auch ein Großteil der Ernte. Die Schadenssumme belief sich damals auf mehr als drei Milliarden DM! Dieses Hagelunwetter zählt zu den teuersten Naturkatastrophen, die es in Deutschland je gegeben hat.

Warum soll man Blumen anschneiden?

Naturgeheimnisse: Pflanzen, Tiere und Menschen

Warum soll man
Blumen anschneiden?

23 Die Tradition, Blumen zu verschenken, ist uralt. Seit jeher haben Dichter Frauen mit Blumen verglichen, und wer zeigen wollte, was einem die Angebetete wert war, überreichte etwas besonders Kostbares – zum Beispiel die lange Zeit sündhaft teuren Tulpen. (Siehe auch Kapitel 76: Was haben Tulpen mit der Finanzkrise zu tun?) Bevor man die Blumen in die Vase stellt, sollte man sie anschneiden. Warum?

Sobald die Blume, oder genauer gesagt die Blüte, von der Pflanze abgetrennt ist, wird sie nicht mehr mit Nährstoffen und Wasser versorgt. Im Stiel befindet sich ein dichtes Leitungsnetz, welches jetzt unterbrochen ist. Der Wasser- und Nährstofftransport läuft nämlich durch winzige Kapillargefäße. Nach dem Abschneiden schließen sich die kleinen Öffnungen relativ schnell. Diese Wunde heilt rasch, denn sonst würde die restliche Pflanze schnell austrocknen.

Über feine Poren gibt die Blume Wasser ab, das dann über den Stiel nachfließt. Wenn man die Blumen ungeschnitten ins Wasser stellt, können sie das Wasser durch die verschlossenen Öffnungen nicht aufnehmen und welken schnell dahin. Durch das Anschneiden werden die winzigen Kapillarleitungen wieder frei gelegt, wobei schräges Schneiden die Kontaktfläche noch vergrößert. Man muss die Blumen dann auch direkt ins Wasser stellen, denn sonst saugen die Stiele Luft an, und der Wassertransport kommt nicht in Gang.

Um die Wirkung des Anschneidens zu unterstützen, kann man zusätzlich spezielle Nährlösungen ins Wasser geben. Die darin enthaltenen Mineralstoffe verlängern die Lebensdauer des Straußes um das Doppelte. Manche Blumenfreunde geben zum Beispiel Zucker in das Blumenwasser, doch statt die Pflanze zu ernähren, beschleunigt dieser oft auch das Wachstum der Mikroorganismen – daher lieber nicht süßen! In jedem Fall muss man peinlich genau auf sauberes Wasser achten. Es beginnt schon bei der Vase, die gründlich gereinigt sein sollte, mit Bürste und chlorhaltigen Haushaltsreinigern oder – das klappt! – mit Gebissreinigungstabletten. Ein Schuss Essig im Wasser hilft dabei, die Vermehrung schädlicher Fäulnisbakterien zu unterdrücken. Auch Blätter sollten daher nicht im Wasser liegen.

Wenn man die Blumen anschneidet und auch sonst bei der Angebeteten alles richtig macht, hören die Blüten noch lange den Satz: »... ich dich auch!«

Was verbirgt sich hinter Tiefen-rausch und Taucherkrankheit?

24 Sie ist eines der Wahrzeichen New Yorks: die Brooklyn Bridge. Ihr Bau führte zur Entdeckung einer ungewöhnlichen Krankheit: der Taucherkrankheit – doch was genau ist das?

Feste Pfeiler verleihen der Brücke ihre Stabilität. Beim Bau müssen sie tief im Flussboden verankert werden. Um im Trockenen auf dem Flussgrund arbeiten zu können, nutzt man eine einfache Methode: In einem großen Senkkasten, einem sogenannten Caisson (frz. = Kasten), der nach unten offen ist, wird der Luftdruck so weit erhöht, dass kein Wasser in den Hohlraum eindringen kann. Die Arbeiter können dann innerhalb des Kastens im Trockenen graben, nach der Arbeit über eine Treppe aufsteigen und die Luftglocke über eine Schleuse verlassen.

Beim Bau großer Brücken im 19. Jahrhundert musste man erstmals tief hinunter, manchmal mehr als 30 Meter. Der entsprechende Luftdruck im Senkkasten war daher sehr hoch:

vier Bar, also viermal so hoch wie der normale Luftdruck. Beim Bau der Brooklyn Bridge fiel auf, dass viele Arbeiter, die in den Caissons arbeiteten, plötzlich krank wurden: Sie litten unter Übelkeit, Kopf- und Gelenkschmerzen, hatten Atemnot. Manche wurden gelähmt oder starben sogar. »Caissonkrankheit!«, hieß es bald.

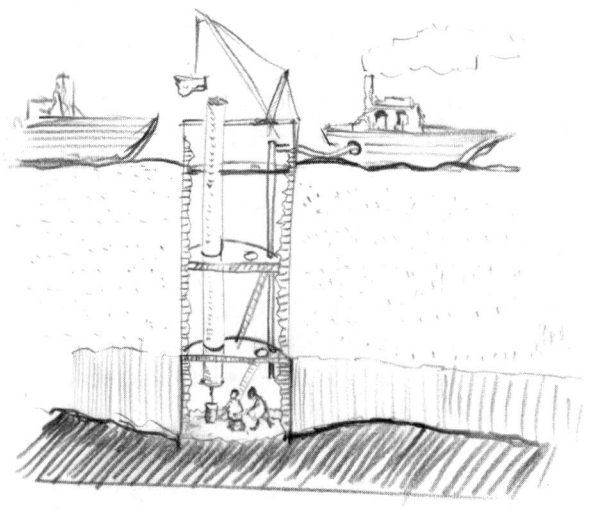

Erst einige Jahre später verstand man, dass es sich um dieselbe Krankheit handelte, die auch Taucher treffen kann: Durch den hohen Atemluftdruck beim Tauchen in großer Tiefe gelangt vermehrt Stickstoff ins Blut und ins Gewebe. Das Abtauchen ist kein Problem, aber das Auftauchen: Wenn der Druckausgleich nämlich zu rasch erfolgt, kann das Blut den eingelagerten Stickstoff nicht schnell genug wieder abbauen – er bildet Blasen.

Einen ähnlichen Vorgang können Sie beim Öffnen einer Sprudelflasche beobachten. Wenn der Druck beim Öffnen der Flasche plötzlich abfällt, bilden sich Blasen – in diesem Fall ist es das im Wasser gelöste Kohlendioxyd. Beim Tauchen sind es Stickstoffblasen, die Adern und Gewebe schädigen. Wenn man also nach einem Tauchgang aufsteigt, muss man für einen langsamen Druckausgleich sorgen. Dann wird der gelöste Stickstoff im Körper wieder abgebaut, ohne dass sich dabei gefährliche Bläschen bilden.

Daher legen Taucher beim Aufsteigen Zwangspausen ein. Je tiefer der Tauchgang, desto länger der sogenannte »Dekompressions-Stopp«.

Als man bei den Brückenarbeitern den Druck beim Verlassen der Schleuse langsam absenkte, verschwanden auch die genannten Symptome. Heute spricht man zwar von der »Taucherkrankheit«, doch eigentlich war es zunächst die Krankheit der Brückenbauer. Das Gegenmittel heißt: langsam auftauchen.

Neben der Taucherkrankheit kommt es gelegentlich auch zum sogenannten Tiefenrausch. Durch den hohen Druck in großen Tiefen muss der Taucher Pressluft einatmen, denn der Druck in seinen Lungen muss den Außendruck des umgebenden Wassers kompensieren. Durch den Lungenautomaten, ein Spezialventil, geschieht die jeweilige Anpassung von selbst. Mit jedem Lungenzug atmet der Taucher also Pressluft ein. Je tiefer er taucht, desto höher der Druck. Die durch den Druck erhöhte Konzentration des Stickstoffs wirkt sich dabei auf den Stoffwechsel der Gehirnzellen aus. Es kommt zum Tiefenrausch ...

Ich hatte einmal die Gelegenheit, am eigenen Leibe die Auswirkungen des Tiefenrauschs in einer Spezialdruckkammer zu erfahren. Im Rahmen einer Fernsehsendung machte ich den Test. In der Kammer, die üblicherweise für medizinische Zwecke genutzt wird, wurden während des Versuchs Bedingungen eingestellt, wie sie in einer Meerestiefe von mehr als 60 Metern herrschen. Nach außen stand ich mit dem Versuchsleiter in Kontakt. Während des »Abtauchens« wurde es in der Kammer sehr heiß, denn durch die Erhöhung des Innendrucks stieg die Temperatur, und nach einiger Zeit fühlte ich mich wie in einer trockenen Sauna. Mit steigendem Druck veränderte sich zudem meine Stimme und klang deutlich heller. Die Luft, die ich einatmete, war nun sechsmal dichter als normal. Sie fühlte sich schwer an, und eine mitgenommene Feder fiel wie in Zeitlupe zu Boden. Mit jedem Atemzug hatte ich das Gefühl, eine fast flüssige Substanz einzuatmen, und bekam erstmalig eine Ahnung davon, wie sich Fische beim Atmen wohl fühlen müssen. Der Test lief reibungslos, doch ich bemerkte, wie das Kamerateam außerhalb der Kammer immer mehr über mein Verhalten lachte. Erst später sollte ich begreifen warum.

Als Wissenschaftler hatte ich natürlich einige Requisiten mitgenommen, die ich testen wollte: Tennisbälle implodierten, prallgefüllte Luftballons schrumpften, und Plastikflaschen wurden durch den unsichtbaren Druck in der Kammer zusammengepresst. »Wie wäre es mit ein paar Rechenaufgaben?«, klang es aus dem Kontrollraum. »Wie viel ist 1730 minus 25?« Erst als ich mir später die Filmaufnahmen ansah, begriff ich: Ich war völlig unfähig gewesen, einfachste Rechnungen zu absolvieren und hatte mich wie ein Beschwipster benommen. Der Tiefenrausch hatte eingesetzt und meine Sinne getrübt. Offiziell gilt: Wer zehn Meter abtaucht, verhält sich so, als habe er ein Glas Martini getrunken. In meinem Fall hatte ich also etwa zehn Martini intus und war beim besten Willen nicht in der Lage, klar zu denken. Der Filmbeitrag wurde später ausgestrahlt und fand große Resonanz beim Publikum. Eine halbe Nation freute sich offensichtlich darüber, dass ich nicht mehr rechnen konnte, und meine Kinder necken mich noch heute mit meinem Rausch: »Na, Papa, wie viel ist fünf mal sieben?«

Was ist das
Kindchenschema?

25 Offen gesagt zweifle ich manchmal an der Selbstbestimmtheit von uns Menschen. Es gibt da unzählige Situationen, in denen wir wohl eher wie biologische Automaten reagieren: Wenn zum Beispiel eine hübsche Frau einen Raum voller Männer betritt, erscheinen der Ablauf und das Verhalten so vorprogrammiert, als würden alle Beteiligten vorgeschriebene Rollen in einem unsichtbaren Drehbuch spielen. Die Nervosität der Gäste bei der Eröffnung des Buffets während einer Pensionärstour erinnert mich an die Konditionierung des Pawlow'schen Hunds, der beim Ertönen des Glöckchens zu sabbern beginnt. Selbst die edelsten Bankette folgen einem immer wiederkehrenden Muster und nehmen gegen Ende stets das Ambiente eines ausklingenden Feuerwehrfests an.

Offensichtlich gibt es eine Reihe von Schlüsselreizen, die uns zu bestimmten Reaktionen zwingen. Ein Paradebeispiel hierfür ist das Kindchenschema. Egal, ob es kleine Katzen, Eisbären oder Babys sind. Irgendwie finden wir sie alle »süß«. Warum?

Die unschuldige Unbeholfenheit und Tapsigkeit des Nachwuchses sind mitunter erheiternd, und die hemmungslose Neugier kleiner Kätzchen hat auch schon einmal komische Züge, doch das allein reicht nicht aus, um unsere starke Reaktion zu erklären.

Schon 1943 erkannte der Verhaltensbiologe Konrad Lorenz, dass Erwachsene auf ganz bestimmte physische Merkmale zum Beispiel eines Kleinkindergesichts ansprechen.

Vergleicht man Bilder von Erwachsenen und Kleinkindern, so fällt auf, dass junge Wesen einen großen Kopf und eine große Stirnregion besitzen. Die ebenfalls großen Kulleraugen liegen weit unten. Nase und Kinn sind sehr klein ausgeprägt, die Haut ist noch babyweich, alles wirkt rundlich. Das Fell der Tiere ist zart, und Arme und Beine bzw. Pfoten sind eher kürzer. Lorenz prägte hierfür den Begriff »Kindchenschema«. Wissenschaftler können Babybilder nach diesen Kriterien gezielt verändern und so vorhersagen, welcher Kindskopf uns besonders anspricht.

Das gilt für Tiere und Menschen. Die Kleinen erfüllen genau dieses Kindchenschema, und das ruft bei uns Erwachsenen eine verstärkte Hilfsbereitschaft und einen besonderen Beschützerinstinkt hervor.

Im Sinne der Evolution reagieren wir also geradezu automatisch mit diesem fürsorglichen Gefühl, wenn wir ein scheinbar hilfloses Wesen ausmachen.

Die Stofftier- und Spielpuppenindustrie nutzt diesen psychologischen Mechanismus: Fast alle Kuscheltiere und Puppen erfüllen die Merkmale des Kindchenschemas, und es ist wohl kein Zufall, dass auch Topmodels häufig ins Raster des Kindchenschemas passen. In allen Kulturen scheint dieses Prinzip zu greifen, und es verhalf einigen Comicfiguren zu ihrem internationalen Erfolg.

Wir können also nichts dafür, dass wir junge Tiere und Babys süß finden. Unsere Natur zwingt uns geradezu, auf diese Muster anzusprechen.

Es gibt da übrigens einen interessanten Verhaltensunterschied zwischen Männern und Frauen. In einer wissenschaftlichen Studie hat man Testpersonen Bilder mit veränderten Kindchenschemawerten gezeigt. Dabei stellte sich heraus, dass Männer wie Frauen die Bilder mit den größeren Kindchenschemawerten niedlicher finden. Bei Frauen zeigte sich zudem, dass sie sogar weit eher bereit sind, sich um Kinder mit hohen Kindchenschemawerten zu kümmern als um Kinder mit weniger ausgeprägten Merkmalen.

Ein bekanntes Beispiel ist auch der im Berliner Zoo geborene Eisbär Knut. Als er im Frühjahr 2007 offiziell in Anwesenheit von Umweltminister und Zoodirektor der Öffentlichkeit vorgestellt wurde, waren 500 (!) Journalisten angereist. In Sondersendungen wurde live berichtet, eine Dokumentarfilmreihe zog Millionen Zuschauer an, und der Berliner Zoo erlebte einen nie dagewesenen Run. Das Eisbärbaby Knut wurde über Nacht zum internationalen Medienstar. Bereits ein Jahr später war Knut dem Kindchenschema entwachsen, weshalb sich niemand mehr sonderlich für das Raubtier zu interessieren schien.

Wenn Sie von Ihren Töchtern also nächstes Mal den Ausruf »Wie süüüß!« hören, wissen Sie, woran es liegt: Kindchenschema.

Warum summen
Mücken?

26 Nachts gibt es ein Geräusch, welches meine Frau mit einem Schlag hellwach werden lässt. Stechmückenalarm! In unserem Schlafzimmer beginnt dann eine unermüdliche Jagd, und an ein Weiterschlafen ist nicht zu denken, bis das Objekt geortet und »entschärft« ist.

Warum jedoch summen Stechmücken überhaupt? Für das Insekt ist das »Bzzzzz« nicht ungefährlich, denn durch das Geräusch wird es oft erst entdeckt.

Das Summen entsteht durch den Flügelschlag. Die winzigen Muskeln am Vorderkörper ziehen sich zusammen und entspannen wieder, und dies geschieht so schnell, dass wir ein helles Summen hören. Männchen summen mit 600 Schlägen pro Sekunde übrigens etwas schneller als Weibchen, die es im Durchschnitt auf etwa 550 Schläge pro Sekunde bringen. Am Summton könnte man also theoretisch den Unterschied zwischen Männchen und Weibchen ausmachen. Wäre meine Frau in der Lage, diesen feinen Unterschied zu hören, dann würde vielleicht so manches männliche Exemplar überleben, denn stechen tun nur die Weibchen.

Nun könnte man sich mit dieser Antwort zufriedengeben, doch das Schöne an der Wissenschaft ist, dass sie wirklich alles hinterfragt.

Forscher der University of Greenwich[13] haben die Summgeräusche der Stechmücken nämlich genauer untersucht und stellten dabei etwas Verblüffendes fest: Fliegen zwei Stechmücken in einem Raum, unterscheiden sich zunächst die Summtöne der beiden. Handelt es sich um ein Männchen und ein Weibchen, passt sich die Tonhöhe beider Summgeräusche mit der Zeit an, bis diese identisch sind und man nur noch einen Ton wahrnimmt.

Sind hingegen zwei Männchen im Raum, unterscheiden sich die Töne sehr bewusst voneinander und gleichen sich nicht an. Der schnelle Flügelschlag ist also offensichtlich auch eine Form der Kommunikation, denn die Wissenschaftler vermuten, dass die Stechmücken mithilfe der Fluggeräusche Individuen des anderen Geschlechts ausfindig machen. Durch eingespielte Lautsprechergeräusche konnten sie das Summen der Stechmücken sogar ganz direkt beeinflussen. Der Gleichklang der Töne scheint dabei besonders stimulierend zu sein, denn am Ende, so die These, geht es (wie immer) um Paarung!

Wenn Sie also demnächst nachts vom Summen geweckt werden, hören Sie genau hin: Vielleicht sind es ja zwei Töne ... ein Liebesduett!

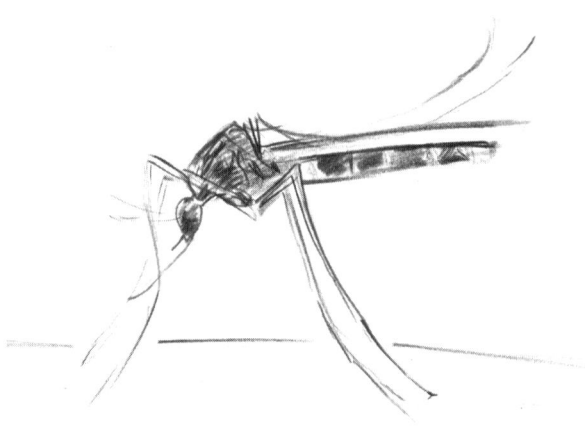

Ist es **im Weltraum** laut?

27   In den Achtzigerjahren arbeitete ich an einer Fernsehreportage und drehte im New Yorker Stadtteil Harlem. Damals waren Teile dieses Viertels fest in der Hand von Gangs. Die Häuser wirkten trostlos, und die Armut der Menschen erinnerte mich an die Slums von Bombay. Diese Schattenseite von New York stand in keinem Reiseprospekt, und es war mir unbegreiflich, dass nur wenige Kilometer von den glitzernden Läden der Fifth Avenue entfernt Menschen ums nackte Überleben kämpften. Drogen regierten die Szene, und in der Notfallstation des Harlem General Hospitals herrschte Tag und Nacht Hochbetrieb. Dreharbeiten in einem solchen Brennpunkt werden von den Gangs nicht gerne gesehen, und unser Team stand unentwegt unter einer großen Anspannung.

Bei einer Szene filmte unser Kameramann aus dem fahrenden Wagen, als es plötzlich knallte. Ein Unbekannter hatte auf uns geschossen, und das Projektil traf die Tür des Wagens. Mit Vollgas flüchteten wir und beendeten die Dreharbeiten für diesen Tag. Während des Vorfalls lief die Kamera, und gespannt betrachteten wir am Abend im sicheren Hotelzimmer die Aufnahmen. Auf den Videobildern hörte man lediglich ein dumpfes »Plopp«.

Man hatte auf uns geschossen, wir hätten sterben können, aber von all dieser Dramatik fand sich auf dem Video nur ein enttäuschendes »Plopp«! An diesem Abend begriff ich, wie inszeniert im Spielfilm geschossen und gestorben wird.

Der Ton macht das Gefühl! In immer mehr Filmen wird die Handlung neben der dramatischen Filmmusik durch ein ausgeklügeltes Sounddesign unterstrichen. Türengeräusche, Kinnhaken, fahrende Autos oder der Knall von Pistolen und selbst ein tropfender Wasserhahn werden mit speziellen Klangeffekten unterlegt. Wenn der Samurairitter zum Schwert greift, klingt es im Film daher immer nach »Schwischhhhh« und »Dziiingggg«, und wenn geschossen wird, hören wir ein sonores »Pjungjeeeee« statt eines kläglichen »Plopp«!

Einige Jahre später nahm ich an einem Workshop in Los Angeles teil, bei dem es um die Wissenschaft in Science-Fiction-Filmen ging. Dabei diskutierten Regisseure und Special-Effect-Fachleute aus Hollywood mit Wissenschaftlern über zukünftige Laserkanonen, Raumschiffe mit Warpantrieb und über das Phänomen des Beamens. Auf dieser sehr anregenden Tagung sprachen wir auch über die »Sounds« im Weltraum. Ob Strahlenkanonen, besondere Antriebe oder vorbeirasende Raumschiffe: Hollywood begleitet sie stets mit besonderen Zischgeräuschen. Doch ist das überhaupt realistisch?

Schallwellen können sich nur in einem Medium wie Luft ausbreiten. Wenn man das Medium verändert, ändern sich auch die Ausbreitungsgeschwindigkeit und der Ton. Sie kennen vielleicht das Experiment mit dem Heliumballon: Wenn man das leichtere Edelgas einatmet, klingt die Stimme plötzlich heller.

Im Weltraum jedoch gibt es weder Luft noch andere Gase. Der Kosmos ist erfüllt vom leeren Raum, es herrscht ein Vakuum. Was aber passiert dann mit den Schallwellen?

Ein einfacher Versuch mit einem Wecker macht es deutlich.

Sein Klingeln ist an der Luft unüberhörbar. Stellt man den Wecker jedoch in eine Glasglocke, der man dann die Luft entzieht, hört man absolut nichts mehr vom Klingeln. Die Schallwellen werden nicht mehr übertragen, weil sie sich ohne Medium nicht ausbreiten können.

Im Kosmos herrscht also absolute Stille, und sogar gigantische Kratereinschläge auf dem Mond, der ja im Gegensatz zur Erde keine Atmosphäre besitzt, verlaufen völlig geräuschlos. Raketenstufen zünden lautlos, eisige Kometen ziehen in aller Stille um die Sonne. Selbst großartige Sternexplosionen schleudern ohne einen einzigen Ton Materie in den Raum. Vermutlich war die Geburt unseres Universums auch kein »Urknall« – nicht einmal ein »Plopp«!

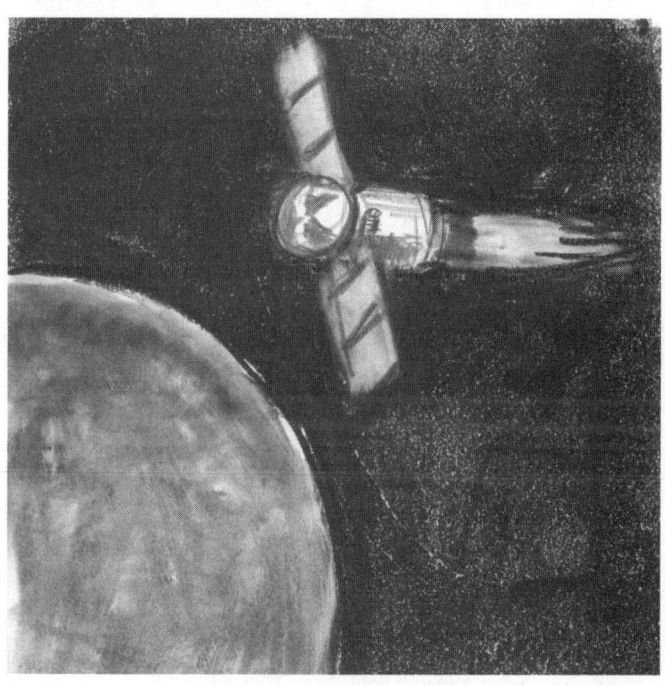

Warum stinkt Hundekot, Pferdemist aber nicht?

28 Jeder, der die reizende Geschichte »Vom kleinen Maulwurf, der wissen wollte, wer ihm auf den Kopf gemacht hat« kennt, wird jetzt schmunzeln, wenn es um den duftenden Unterschied der Exkremente geht. Manchmal gibt es Fragen, die man sich gar nicht zu stellen traut, obwohl man ja eigentlich gerne die Antwort wüsste. Warum eigentlich stinken Hundehaufen so entsetzlich, Pferdeäpfel hingegen nicht?

Zwischen Pferden und Hunden gibt es einen entscheidenden Unterschied: Pferde sind Vegetarier und ernähren sich von Gras und Pflanzen, wohingegen Hunde zu den klassischen Fleischfressern zählen.

Bei der Verdauung passieren daher in Pferd und Hund sehr unterschiedliche Dinge. In beiden Fällen wird die Nahrung durch Magensäure, Gallensäure, unzählige Enzyme und Bakterien zerlegt, denn der Körper entzieht damit der Nahrung die Nährstoffe, Fette und den Zucker, die er benötigt. Kühe zum Beispiel können sogar die Zellulose der Pflanzen aufspalten. Wir Menschen hingegen, die wir ja zu den Allesfressern zählen, besitzen diese Eigenschaft nicht und könnten daher auch nicht von Gras leben.

Die Verdauung unterscheidet sich sehr grundsätzlich bei Vegetariern und Fleischfressern. Alles, was nicht benötigt wird, wird später wieder ausgeschieden. Dabei werden zum Beispiel die Gallenfarbstoffe Bilirubin und Biliverdin von den Bakterien im Dickdarm zu Stercobilin und Bilifuscin umgewandelt. Daher hat der Kot seine braune Farbe.

Doch jetzt zum fulminanten Geruchsunterschied zwischen Fleischfressern und Vegetariern: Im Vegetarier-Darm von Pferden und Kühen läuft eine Art Gärungsprozess ab. Dabei werden Zellulose und Stärke in Zucker umgewandelt. Hierbei entstehen jede Menge Gase wie Kohlendioxyd und Methan. Daher pupsen Pferde und Kühe so häufig. Vegetarischer Mist gärt also, und aufgrund der vielen Nährstoffe, die er enthält, ist er auch ein idealer Dünger. Getrockneter Kuhdung ist sogar fast geruchlos und wird in einigen Ländern als Brennstoff verwendet.

Beim Allesfresser hingegen passiert Folgendes: Fleisch ist reich an Eiweißen, und diese werden unter anderem durch eine Vielzahl von Bakterien zerlegt. Allesfresserkot ist daher nicht zum Kompostieren geeignet, denn statt eines Gärprozesses läuft hier eher ein Fäulnisprozess ab. Schwefelhaltige Aminosäuren, aus denen manche Eiweiße zusammengesetzt sind, werden von einer Armada an Fäulnisbakterien in Schwefelwasserstoff verwandelt. Diese Substanz riecht nach faulen Eiern und macht die Stinkbomben so wirkungsvoll. In der komplexen Verdauungschemie entstehen noch weitere Substanzen: Indol und Skatol.

Im isolierten Zustand handelt es sich dabei jeweils um klare, durchsichtige Flüssigkeiten. Wenn Sie daran riechen, wird Ihnen sofort klar: Das ist der typische Duft der Hinterlassenschaft von Allesfressern.

Schafs-, Kuh- und Pferdemist riechen eben anders als das Geschäft von Schwein, Hund und Katze. Deshalb konnte der kleine Maulwurf den Täter auch eindeutig überführen, und Sie können jetzt Ihren Kindern oder Enkeln erklären warum!

Warum hat der
Schmetterling bunte Flügel?

29 Seine Stimme war ernst und zitterte leicht, und die lateinische Bezeichnung, die er ganz langsam aussprach, klang in unseren Ohren wie ein geheimer Zauberspruch: »Palaeochrysophanus hippothoe!« In der kleinen Holzkiste mit dem Glasdeckel erkannte ich die graue Kontur eines Schmetterlings, und dann geschah das Wunder: Sobald das Sonnenlicht auf ihn fiel, schimmerten die Flügel in einer satten Farbenvielfalt. Wenn man den Schmetterling nur leicht drehte, wechselten die Farben. Das Orange löste sich auf in ein reines Türkis, das von dunklen Violett-Tönen umsäumt wurde ... Das Farbenspiel hatte mich derart beeindruckt, dass ich in den darauffolgenden Tagen ganze Schmetterlingskollektionen malte, doch allen fehlte der zauberhafte Glanz des natürlichen Vorbildes.

Das waren keine normalen Farben, doch unser Lehrer verriet uns das Geheimnis des Schmetterlingsflügels nicht. Erst Jahre später, inmitten einer Physik-Vorlesung über Optik, tauchte er erneut auf – der bunte Flügel des Schmetterlings, und dieses Mal begriff ich die Magie: Der Flügel selbst hat zwar eine schwache Pigmentfärbung, doch der unnachahmliche Glanz wird über eine feine Mikrostruktur auf der Flügeloberfläche erzeugt. Das Sonnenlicht bricht sich darauf wie in einem Regenbogen, und nur ein ganz bestimmter Teil des farbigen Lichts wird dann reflektiert. Daher schimmert es je nach Blickrichtung einmal orange, einmal blau. Hält man ein

Prachtexemplar unter künstliches Licht, zum Beispiel das gelbe Licht einer Straßenlaterne, dann verblassen die Farben zu einem unscheinbaren Grau. Die Farben des Schmetterlings sind das Ergebnis einer besonderen Lichtreflexion.

Dass man durch Reflexion besondere Farbeffekte unterstreichen kann, weiß auch die Waschmittelindustrie. Durch den geschickten Einsatz sogenannter »optischer Aufheller« wirken die frisch gewaschenen Hemdfarben noch kräftiger, und das Weiß strahlt noch weißer. Der Trick: Die für uns unsichtbaren UV-Strahlen im Sonnenlicht werden durch die Aufheller im Waschmittel in sichtbares Licht umgewandelt – aus unsichtbaren Strahlen wird also sichtbares Licht. Die Leuchtkraft der Hemden hängt somit auch von der Zusammensetzung des einfallenden Lichtes ab – je mehr UV-Strahlen, desto heller scheinen die Farben.

In den vergangenen Jahren wurde die Herstellungstechnik moderner Reflexmaterialien verfeinert, von denen einige sogar durch ihre ausgeklügelte Mikroprismenstruktur mit einem alten Gesetz der Optik zu brechen scheinen: Eintrittswinkel ist nicht gleich Austrittswinkel! Diese Reflektoren strahlen sogar dann noch intensiv, wenn das Licht unter weiten Winkeln einfällt. In wenigen Jahren, davon bin ich überzeugt, wird es sogar möglich sein, bunte Reflexionsfolien nach dem Prinzip des Schmetterlingsflügels herzustellen, und auch dann werden Kinderaugen staunen über diese besondere Etappe der bunten Reise des Lichts.

Warum halten sich **Knochen** so lange nach dem Tod?

30 Während einer Recherchereise zu einer Sendung über moderne Verfahren der Archäologie besuchte ich ein Fachinstitut an der Universität Göttingen. Die dortigen Wissenschaftler hatten sich darauf spezialisiert, Reste von Erbgut aus alten Knochen zu isolieren. Noch nach Jahrhunderten erzählen Knochen ihre Geschichte, denn an ihrer Struktur kann man erstaunlich viel ablesen: Wie haben sich die Menschen ernährt, wie alt wurden sie und – dank moderner Gendiagnostik – welcher Familie oder welchem Stamm gehörten sie an? Während die Mitarbeiter mir ihre neuen Methoden ausführlich erläuterten, zeigte ein Forscher auf einen Stapel von Apfelsinenkisten voller Gebeine: »Schauen Sie, hier liegt der gesamte Klerus von Münster!«

Bei Exkavationen waren die Archäologen auf ein gut erhaltenes mittelalterliches Kirchengrab gestoßen, und im Dienste der Wissenschaft wurde der heilige Fund nun akribisch analysiert. Mit Mikrotomen wurden die einzelnen Knochen in feine Scheibchen geschnitten, Bruchstücke wurden in Massenspektrometern erhitzt und mit Strahlung beschossen, in brodelnden Reagenzgläsern wurden die Gebeine in ihre chemischen Bestandteile aufgelöst. Manche dieser Kirchenoberen hatten womöglich zu Lebzeiten Ketzer verfolgt und mit den grausamen Foltermethoden der Inquisition abtrünnige Aufklärer eingeschüchtert. Nun, Jahrhunderte später, machen sich neugierige Wissenschaftler an ihren verbleibenden Resten zu schaffen. Vielleicht gibt es ja doch so etwas wie eine historische Gerechtigkeit?

Das Leben ist endlich, und jeder von uns, egal ob Machthaber oder Unterdrückter, begegnet dem gleichen Schicksal: Der Körper ist vergänglich. Jahrhunderte nach dem Tod bleibt nur noch eines übrig: Knochen. Doch was macht sie so haltbar?

Ohne Knochen besäße unser Körper keine Struktur. Das Skelett eines neugeborenen Menschen besteht aus mehr als 300 Knochen bzw. Knorpeln. Ein erwachsener Mensch verfügt hingegen nur noch über 206 Knochen, die sich zur Hälfte in den Händen und Füßen befinden. Im Verlauf unserer Entwicklung wachsen unsere Knochen teilweise zusammen (daher ihre kleiner werdende Anzahl) und werden immer stabiler und belastbarer. Knochenaufbauende Zellen, sogenannte Osteoblasten, sorgen nämlich dafür, dass sich in den Knochen mit der Zeit Hydroxylapatit ansammelt. Es handelt sich dabei um ein sehr hartes anorganisches Material. Auch unser Zahnschmelz besteht daraus.

Im Laufe des Lebens werden unsere Knochen immer wieder erneuert und passen sich der jeweiligen Belastung an. Doch mit dem Tod endet diese ständige Erneuerung. Dafür beginnt ein Wettrennen unter Bakterien und Pilzen. Fleisch und Haut verschwinden schnell, denn sie enthalten begehrte Eiweißstoffe und sonstige Nahrung für unzählige Kleinstorganismen. Die anorganische Knochensubstanz wird hingegen kaum zersetzt, und schon nach wenigen Jahren bleiben von unserem Körper nur noch Knochen und Zähne übrig.

Auf Friedhöfen gibt es festgelegte Ruhezeiten: Erst nach deren Ablauf wird ein Grab für nachfolgende Bestattungen freigegeben. Hierbei spielt auch die Beschaffenheit des Bodens eine Rolle: Ist das Erdreich zum Beispiel chemisch sauer, dann werden auch die Gebeine angegriffen, denn die Säure löst das Calcium in den Knochen auf. Nach der abgelaufenen Ruhezeit (sie variiert von Friedhof zu Friedhof und beträgt etwa 25 Jahre) bleibt dann oft nichts mehr übrig. Doch bei idealer Bodenbeschaffenheit finden sich sogar noch nach Jahrtausenden Reste von Knochen, die im Laufe der Zeit versteinern. Bei der Fossilienbildung wird das Kollagen im Knochen dann vollständig durch Calciumphosphat ersetzt. Diese alten Knochenreste sind oft die einzigen Überbleibsel vergangener Kulturen und Zeiten.

Wer weiß, vielleicht landen auch Ihre Gebeine eines Tages in einem Labor ...

Warum bekommen Spechte keine Kopfschmerzen?

31 Die Evolution überrascht mich immer wieder mit ihren besonderen Einfällen. Für jeden erdenklichen Lebensraum finden sich Pflanzen und Tiere, die sich genau auf ihre Umwelt spezialisiert haben. Das fällt uns besonders beim Specht auf: Wenn man die Vögel bei der Arbeit beobachtet, muss man sich in der Tat wundern. Mit ihrem Meißelschnabel bearbeiten sie hartes Holz. Dabei schlagen sie ihren Kopf wie ein Presslufthammer bis zu 20 Mal pro Sekunde gegen den Stamm. Wissenschaftler haben durch Zeitlupenaufnahmen errechnet, dass der Schnabel dabei mit einer Geschwindigkeit von 25 km/h aufs Holz schlägt: eine echte Frontalkollision mit einer enormen Bremsbeschleunigung. Dennoch scheint der Specht dieses unbeschadet zu überstehen. Er verfügt gleich über eine Reihe von Mechanismen, die ihm sein Hämmern ermöglichen.

Sein Knochenaufbau ist eine Besonderheit: Der gerade Schnabel verläuft in der Verlängerung unter dem Gehirn. Die Energie beim Schlagen wird also nicht direkt ans Gehirn abgegeben, sondern über biegsame Knochengelenke und die kräftigen Schnabelmuskeln seitlich abgelenkt. Etwa eine Tausendstelsekunde vor dem Aufprall des Schnabels spannen sich die Muskeln. Wie Stoßdämpfer federn sie die umgeleitete Bremskraft ab.

Kurz vor dem Aufprall verschließt der Specht die Augenlider. Diese wirken wie ein Sicherheitsgurt und verhindern, dass die Augen beim Aufprall aus den Augenhöhlen treten.

Beim Hämmern führt der Specht eine geradlinige Bewegung aus, denn so kann er die gesamte Kraft auf seine Schnabelspitze übertragen. Jedes normale Werkzeug würde mit der Zeit stumpf werden, doch der Spechtschnabel ist selbstschärfend und an der Spitze besonders hart.

In der Balz hämmert Herr Specht sogar 12 000 Mal am Tag! Wenn es Abend wird, hört er eine Ausrede bestimmt nicht: »Schatz, heute nicht – ich habe Kopfschmerzen[14]!«

Warum sind Krankenhaus-keime so gefährlich?

32 Was glauben Sie, wo findet man mehr Bakterien: auf der Klobrille einer öffentlichen Toilette oder auf einem Krankenhaus-Stethoskop? Aufgrund meiner Frage ahnen Sie vermutlich, dass die überraschende Antwort »Stethoskop« lautet.

In der Tat hat man es wissenschaftlich nachgewiesen.[15] Keime finden sich auch auf medizinischen Apparaten, Ärztebrillen und in hoher Zahl selbst auf den Mobiltelefonen des Krankenhauspersonals. Das ist an sich noch kein Grund zur Sorge, doch in den vergangenen Jahren zeigte sich ein bedenklicher Trend: Immer mehr Bakterien entwickeln Resistenzen gegenüber Antibiotika, und in vielen Kliniken führt diese Zunahme resistenter Keime zu einem ernsten medizinischen Problem. Krankenhäuser, die eigentlich Orte der Heilung und Pflege sind, verwandeln sich in gefährliche Ansteckungsherde für Infektionen, die kaum zu bekämpfen sind. Immer häufiger landen Patienten, die eigentlich ins Krankenhaus kamen, um gesund zu werden, in der Pathologie. Sie werden Opfer von Bakterien wie Staphylokokkus aureus, Pseudomonas aeruginosa, Enterokokkus faecalis oder Clostridium difficile, die sich im Laufe der vergangenen Jahre angepasst haben. Ein Antibiotikum nach dem anderen versagt, und im schlimmsten Fall sind die Erreger multiresistent und die Ärzte hilflos.

Obwohl es in Deutschland immer noch keine Meldepflicht

gibt, schätzen Fachleute, dass jedes Jahr hierzulande mehr als 10 000 Menschen allein an solchen resistenten Bakterieninfektionen sterben! Die Keime fordern inzwischen doppelt so viele Todesopfer wie der Straßenverkehr. Europaweit erkennt man da einen interessanten Zusammenhang: Skandinavische Länder leiden weit weniger unter der Resistenzbildung als zum Beispiel Spanien oder Griechenland. Der Konsum von Antibiotika gibt den Ausschlag, denn dort, wo fleißig verschrieben wird, tritt das Problem auch massiv auf.

Antibiotika sind ein Segen: Unzählige tödliche, durch Bakterien verursachte Krankheiten wie Tuberkulose, Scharlach, die Pest oder Syphilis wurden mit der Entdeckung der Antibiotika heilbar. Keine andere Medikamentengruppe hat bislang so viele Menschenleben gerettet.

Antibiotika wirken gegen Bakterien, indem sie zum Beispiel die Zellwand zerstören oder die Mikroorganismen an ihrer gefährlichen Vermehrung hindern. Das funktioniert, weil Bakterien sich von menschlichen Körperzellen unterscheiden. So besitzen sie Eiweiße, die nicht im menschlichen Körper auftauchen. Diesen Unterschied nutzt man aus. Antibiotika greifen daher dort an, ohne die körpereigenen Zellen zu schädigen.

Sogenannte Breitbandantibiotika wirken gleich gegen eine große Vielzahl von Bakterienstämmen. Bei der Einnahme werden jedoch nicht nur die schädlichen Mikroorganismen zerstört, sondern auch nützliche Bakterien im Körper. Daher kommt es bei einigen Präparaten zu starken Nebenwirkungen. Wichtig bei Antibiotika ist immer die vollständige Einnahme. Man muss alle Pillen schlucken und zwar auch dann, wenn die Krankheitssymptome bereits abgeklungen sind. Tut man das nicht, dann passiert Folgendes: Unter den Millionen Bakterien, die bei einer Krankheit vorliegen, gibt es auch immer ein paar, die sich ein bisschen von den anderen unterscheiden und denen das Medikament nichts anhaben kann. Sie sind resistent gegen das jeweilige Antibiotikum.

Unser Immunsystem wird zwar durch die Antibiotika unterstützt und kann daher auch die schädlichen Keime besiegen. Ohne die vollständige Einnahme aber können sich die wenigen resistenten Keime im geschwächten Körper vermehren und einen neuen, resistenten Stamm bilden.

Die Wunderwaffe der Medizin wird allmählich stumpf. So erscheinen immer weniger neue Präparate auf dem Markt. Beim Wettlauf zwischen Forschung und Mikroben scheint die Medizin zu kapitulieren, denn bereits wenige Jahre nach der Einführung eines neuen Antibiotikums treten die ersten Resistenzen auf und machen das Präparat mit der Zeit unbrauchbar. Mediziner sprechen vom »use it and lose it« – benutze es, und du wirst es verlieren. Die hohen Entwicklungskosten rechnen sich am Ende nicht mehr, wenn ein Mittel nur wenige Jahre verkauft werden kann.

Wer jetzt denkt: »Da beuge ich besser vor«, und zu Hause alles gründlich mit Desinfektionsmitteln reinigt, tut genau das Falsche: Mehr und mehr Bakterien entwickeln auch Resistenzen gegen diese Desinfektionsmittel, und es gibt sogar Hinweise, dass diejenigen Bakterien, die gegen Desinfektionsmittel immun sind, auch gegenüber bestimmten Antibiotika resistent werden. Hygiene-Experten fordern daher, den Einsatz der Desinfektionsmittel auf Arztpraxen und Krankenhäuser zu beschränken. Doch auch hier muss umgedacht werden: Studien zeigen, dass nur jeder zweite bis dritte Mitarbeiter im Krankenhaus seine Hände richtig desinfiziert. Die Gründe hierfür reichen von Stress und Zeitnot über Arbeitsüberlastung bis hin zu gefährlicher Unwissenheit. Dabei ist gerade die mangelnde Händedesinfektion eine der Hauptursachen für die Ausbreitung der Krankenhauskeime. Wir brauchen daher dringend ein verschärftes Bewusstsein und konkrete verpflichtende Maßnahmen für die Eindämmung der resistenten Keime in unseren Kliniken. Wenn wir nicht bald handeln, machen wir einen gefährlichen Schritt zurück!

Was verbirgt sich hinter
dem Lotuseffekt?

33 Vor einigen Jahren lernte ich den Direktor des Botanischen Gartens der Universität Bonn, Prof. Wilhelm Barthlott, kennen. Er besitzt die Gabe einer nie enden wollenden Neugier und kann wie kein anderer zu jeder Pflanze eine Geschichte erzählen. Wenn wir durch den »Garten« gehen, leuchten seine Augen, und immer wieder begeistert er mich mit Themen aus der Pflanzenwelt. Ich verdanke ihm viele Anregungen, denen wir im Rahmen unserer Fernsehsendungen nachgingen.

Bei einer Gelegenheit sprachen wir über das Phänomen der Selbstreinigung von Blättern. In meinem »Vaterland« Indien wurde die Reinheit des Lotusblatts seit jeher gepriesen; auch in der tibetischen Religion heißt es im bekannten Mantra der Gebetsmühlen: »Om mani padme hum«*, was so viel bedeutet wie: »O du Kleinod in der Lotusblüte«. Der Lotus gilt als Inbegriff der Reinheit. Das Blatt verschmutzt nicht, und Wassertropfen perlen daran ab. Selbst flüssiger Klebstoff fließt am Blatt entlang und sucht vergeblich nach Haftung. Lotusblätter zeichnen sich durch einen Selbstreinigungseffekt aus, den man übrigens auch bei Weißkohl oder Kapuzinerkresse beobachten kann.

Wilhelm Barthlott hatte mit seinen Mitarbeitern das Geheimnis[16] entschlüsselt: Bei mikroskopischen Untersuchungen waren sie auf winzige Wachsspitzen gestoßen, die das Blatt überziehen. Deren Größe liegt bei gerade einmal 10 bis 20

tausendstel Millimetern. Wachs ist wasserabweisend, eine Kerze lässt sich daher nicht benetzen. So auch das Lotusblatt. Wenn Regentropfen auf das Blatt fallen, bilden sich kleine Wasserkügelchen, die dann auf der Wachsoberfläche abrollen und Schmutzpartikel mitnehmen. Das Blatt bleibt immer sauber.

Bei unserem Gespräch diskutierten wir mögliche Anwendungen. Mit einem solchen Autolack könnte man deutsche Männer am Samstag arbeitslos machen, denn niemand bräuchte mehr Autos zu waschen!

Wilhelm Barthlott und seinem Team gelang es tatsächlich in den Folgejahren, die mikroskopischen Spitzen des Blattes nachzubilden. Der Lotuseffekt wurde zu einem weltweiten Erfolg, und inzwischen gibt es Farben, Dachziegel und Gläser, die mit solch wasserabweisenden Oberflächen überzogen sind: Der Schmutz perlt einfach ab, wie beim Blatt.

Glaubt man der Werbung, dann bleiben Farben und Ziegel länger sauber, doch es gibt dabei ein Problem. Die feine Oberfläche ist extrem empfindlich und wird mit der Zeit beschädigt. Der praktische Selbstreinigungseffekt nimmt daher ab. In der Natur besteht dieses Problem hingegen nicht, denn die Strukturen wachsen ständig nach: So bleiben die glatte Oberfläche erhalten und das Blatt rein.

Wilhelm Barthlott hat sich trotz aller Erfolge seine Begeisterung für die Welt der Pflanzen bewahrt. Seine Neugier scheint sich ewig zu erneuern – so wie die Wachsspitzen auf dem Lotusblatt.

*

ॐ मणि पद्मे हूम्

Lebt das
Kopfkissen?

34 Frühjahrsputz!
Ich kenne keine Nation, die so von Reinlichkeit besessen ist wie die deutsche. Da wird geputzt, gekehrt, gesaugt und gewischt. Die Sauberkeit ist ein internationales Markenzeichen – und dennoch: Wir alle sind umgeben von winzigen Mitbewohnern!

In Teppichen, Sofas und Kissen leben Abertausende winziger Wesen, die dem Reinheitswahn entkommen: Hausstaubmilben.

Unsichtbar für unser Auge, nur wenige Zehntelmillimeter groß, wohnen sie am liebsten im Kopfkissen. Denn da gibt es ihre Lieblingsmahlzeit: Hautschuppen. Etwa zwei Gramm verliert der Mensch pro Tag, und daran können sich theoretisch Tausende Milben satt fressen.

Bei einem extrem kurzen Reproduktionszyklus sind die kleinen Spinnentiere schon nach nur drei Wochen geschlechtsreif. Ein Weibchen legt dann bis zu 50 Eier. Hausstaubmilben erfahren ein explodierendes Bevölkerungswachstum und besitzen dabei noch eine unangenehme Nebeneigenschaft: Sie produzieren Kot, jede einzelne von ihnen etwa 20 Kügelchen pro Tag. Dieser verteilt sich als feiner Staub in unseren Betten und Matratzen.

Doch Milben haben eine Schwachstelle: Zum Überleben benötigen sie ein warmes und feuchtes Klima, mehr als 70 Prozent Luftfeuchtigkeit und Temperaturen von 22 bis 25 °C. Kälte und Trockenheit machen ihnen also zu schaffen.

Also raus in die Kälte mit dem Bettzeug und ausklopfen – das hilft. Doch egal wie gründlich Sie putzen, alle werden Sie nie erwischen. Wenn Sie also heute Nacht einschlafen, denken Sie daran: Sie sind nie ganz allein!

Warum fällt der
Apfel vom Baum?

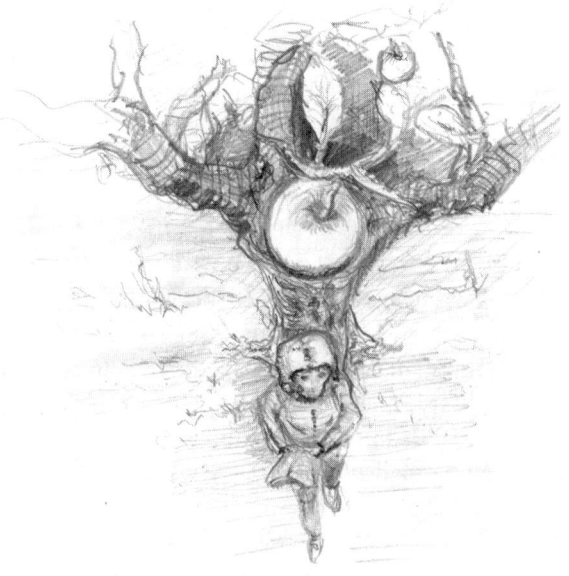

35 Manchmal begegnen mir Fragen, deren Antwort trivial erscheint, doch befasst man sich etwas genauer mit der Thematik, wird man überrascht. Reife Äpfel fallen vom Baum. Es ist ein Naturgesetz, doch warum geschieht dies?

Als Kind dachte ich, irgendwann sind die Äpfel zu schwer, und der Stiel kann sie nicht mehr halten, aber ganz so einfach ist es nicht. Auf dem Boden finden sich nicht nur dicke, reife Äpfel, sondern auch kleinere Exemplare, die häufig faul oder vom Wurm zerfressen sind. Intakte Äpfel, die noch nicht reif sind, halten fest an ihrem Stiel, so dass man sie nur schwer vom Baum pflücken kann. Reife oder beschädigte Äpfel hängen hingegen sehr lose und fallen leicht ab.

Offensichtlich scheint sich der Baum also der reifen oder ungesunden Früchte zu entledigen. Doch woher weiß der Baum das?

Pflanzen nutzen Hormone, um sich über den Zustand ihrer Früchte zu informieren. Äpfel und auch viele andere Früchte verwenden hierfür das Gas Ethylen. Ein reifer, aber auch ein angegriffener Apfel dünsten dieses Gas aus und senden damit eine chemische Botschaft an die anderen Früchte und den Baum.

Ein einfacher Versuch mit zwei Plastiktüten macht es deutlich: In der einen ein gesunder, noch unreifer Apfel, in der anderen Tüte liegt neben einem ebenfalls intakten, unreifen Apfel eine angefaulte Frucht, die nun Ethylen aussendet. Im Zeitraffer erkennt man, dass der Nachbarapfel schneller reift als der Vergleichsapfel, der allein in der Tüte ist. Ethylen beschleunigt also den Reifungsprozess und sorgt dafür, dass alle Früchte am Baum möglichst gleichzeitig reifen.

Doch im Baum passiert noch etwas: Das Gas verändert auch die Biochemie der benachbarten Blätter. Diese beginnen, eine Art Altershormon zu produzieren: die Abscisinsäure.

Sie bewirkt, dass sich zwischen Zweig und Stiel eine Trennschicht ausbildet. Diese verkorkten Zellen lassen keine Nährstoffe mehr durch. Der Apfel verhungert also am Ast. Irgendwann reißt dann die verkorkte Sollbruchstelle, und der Apfel fällt vom Baum.

Ist es nicht toll, wie viel Genialität in einem reifen Apfel steckt?

Wieso wird CO_2 freigesetzt, wenn man einen Baum fällt?

36 Als wir eines Tages einen altersschwachen Kirschbaum auf unserem Grundstück fällen mussten, umarmte mein Sohn den Stamm und weinte. Kinder haben eine reine Seele, und das Fällen war in seinen Augen ein barbarisches Töten. Es kostete uns viel Überzeugungsarbeit, bis er endlich einwilligte. Als der Baum krächzend zu Boden fiel, überkam uns alle ein Gefühl von Trauer. Bäume sterben.

Bäume ernähren sich, wie alle Pflanzen, zum größten Teil aus der Luft. Sie atmen CO_2 und Wasser ein, und mit Hilfe der Photosynthese und des Sonnenlichts entstehen daraus Sauerstoff und Wasserdampf. Der Kohlenstoff wird dabei zurückbehalten und findet sich am Ende im Holz, welches aus Kohlenwasserstoffverbindungen besteht.

Es ist beachtlich, wie viel ein Baum atmet. Ein Beispiel: Eine 35 Meter hohe Fichte mit einem Alter von etwa 100 Jahren hat in ihrem Leben der Atmosphäre etwa 2,6 Tonnen CO_2 entzogen.

Tag für Tag wandelt der Baum weiteres CO_2 in Holz um und reinigt so unsere Atmosphäre vom schädlichen Treibhausgas. Ein Hektar Wald speichert auf diese Weise pro Jahr 13 Tonnen CO_2.

Doch eines Tages taucht die Motorsäge auf – nach einem langen Leben wird der Baum gefällt. Grundsätzlich kann der tote Baum der Luft kein weiteres CO_2 entziehen, denn nach dem Tod endet die Photosynthese.

Vielleicht wird der größte Teil seines Holzes weiterverwertet, zum Beispiel im Hausbau. In diesem Fall bleibt der Kohlenstoff im Holz gebunden und gelangt zumindest nicht in die Atmosphäre.

Anders sieht es jedoch aus, wenn der Baum verbrannt wird oder nach und nach abfault. Bei der Verbrennung und auch bei der Zersetzung läuft es umgekehrt ab als beim lebenden Baum: Der Sauerstoff in der Luft verbindet sich mit dem Kohlenstoff im Baum, und so löst sich der gesamte Baum wieder in CO_2 auf. Wenn wir Holz verbrennen, verbleibt nur wenig Asche, denn fast das gesamte CO_2, das der Baum während seines Lebens der Atmosphäre entzogen hat, wird wieder freigesetzt.

Würden die Wälder in Deutschland verbrannt, dann würden etwa 9,5 Milliarden Tonnen CO_2 ausgestoßen. Bei uns passiert das nicht, doch das weltweite Roden hat inzwischen absurde Ausmaße angenommen: Derzeit verringert sich die Waldfläche weltweit um jährlich etwa 13 Millionen Hektar, also 130 000 Quadratkilometer – diese Fläche ist größer als Österreich und die Schweiz zusammen und entspricht in jeder Minute rund 36 Fußballfeldern! Die Abholzung des Regenwaldes im brasilianischen Amazonasgebiet hat sich sogar beschleunigt. Allein zwischen Juli 2007 und Juli 2008 gingen 11 968 Quadratkilometer Wald verloren.[17]

Dieses hemmungslose Roden der Urwälder ist inzwischen eine der maßgeblichen Ursachen für den steigenden CO_2-Gehalt in unserer Erdatmosphäre.

Wenn Bäume nur reden könnten ...

Warum ist der Luftdruck in einem Fahrradreifen höher als im Autoreifen?

Ausgerechnet: Die Physik des Lebens

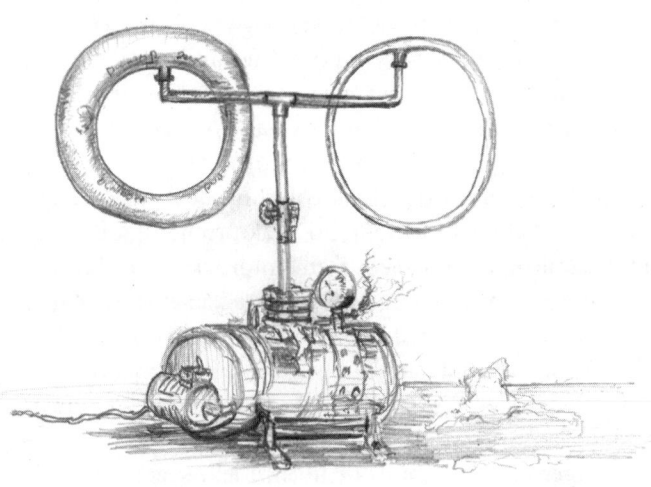

Warum ist der **Luftdruck** in einem Fahrradreifen höher als im Autoreifen?

37 Wussten Sie, dass immerhin 80 Prozent aller Reifenpannen durch den richtigen Reifendruck hätten verhindert werden können? Bei zu wenig Luft verformt sich der Reifen während der Fahrt. Er wird anfälliger und nutzt sich schneller ab.

Wenn im Autoreifen nicht genug Druck herrscht, steigt der Benzinverbrauch, und beim platten Fahrradreifen wird das Treten schwerer. Zu wenig Luft ist sogar gefährlich, denn durch die Walkarbeit, wie die ständige Verformung genannt wird, heizt sich der Reifen mit der Zeit stark auf. Während der Fahrt wird er so heiß, dass er sogar platzen kann. Entlang der Autobahnen sieht man häufig Reste von LKW-Reifen, die durch zu wenig Innendruck zerstört wurden.

Der richtige Reifendruck ist also wichtig, doch beim Vergleich zwischen Fahrrad-, Auto- und Traktorreifen gibt es einen interessanten Unterschied: Der Luftdruck im Traktorreifen liegt unter 2 Bar, beim Autoreifen beträgt er etwa 2,5 Bar, und beim schmalen Fahrradreifen ist er am höchsten. Die Reifen der Rennräder sind hart und besitzen einen Innendruck von 9 Bar! Je größer der Reifen ist, desto kleiner ist der entsprechende Luftdruck – warum?

Ein Experiment macht es deutlich: Klein gegen Groß. Zwei Schläuche – Fahrrad- gegen Autoschlauch. Beide werden aufgepumpt und sind über ein T-Stück miteinander verbunden. In beiden Schläuchen herrscht also zu jedem Zeitpunkt der exakt gleiche Druck. Und jetzt die Zerreißprobe: Wir pumpen und pumpen. Wer hält dem Druck am besten stand? Viele meinen: Der zierliche Fahrradschlauch muss zuerst platzen.

Macht man den Versuch, endet er mit einem Knall und einer überraschenden Erkenntnis: Der Autoschlauch platzt, wohingegen der Fahrradschlauch heil bleibt! Die Ursache hierfür liegt in einem einfachen physikalischen Zusammenhang: Druck ergibt sich durch die Wirkung einer Kraft auf eine Oberfläche.

Der Fahrradschlauch besitzt eine kleine Oberfläche, daher wirkt also bei gleichem Druck eine kleinere Kraft auf den Schlauch als beim Autoreifen mit seiner größeren Oberfläche. Obwohl der Luftdruck also derselbe ist, wirkt auf den Autoschlauch eine weit größere Kraft, und die zerstört den Schlauch: Der Autoschlauch platzt, der Fahrradschlauch bleibt ganz!

Je größer der Reifen ist, desto geringer muss demnach der Luftdruck sein. Wenn Sie also beim nächsten Mal Ihre Reifen kontrollieren, denken Sie daran: Die Kleinen halten mehr Druck aus als die Großen.

Wie funktioniert
ein Handwärmer?

38 In unserem Alltag gibt es pfiffige Utensilien, die auf einem erstaunlich einfachen physikalischen Prinzip beruhen. Ein Beispiel hierfür sind Handwärmer.

In dem kleinen Kissen befinden sich eine durchsichtige Flüssigkeit und ein kleines Blechplättchen. Knickt man das Blech um, so setzt ein Verwandlungsprozess ein: Die Flüssigkeit beginnt zu kristallisieren, verfestigt sich und wird dabei angenehm warm. Wenn das Kissen wieder abgekühlt ist, legt man es eine Weile in heißes Wasser. Die feste Kristallmasse wird wieder klar und flüssig, und der Handwärmer lässt sich wieder verwenden.

Wie aber entsteht die Wärme?

Jede Substanz, ob Wasser oder auch das besondere Salz im Wärmekissen, tritt in fester oder in flüssiger Form auf. Durch das Erhitzen findet eine Verwandlung von fest nach flüssig statt. Physiker sprechen dann von einem Phasenübergang; interessant dabei ist die Energiebilanz:

Wenn man Eis erhitzt, schmilzt es. Dabei wird zunächst aus 0 °C kaltem Eis 0 °C kaltes Wasser. Allein dieser Phasenübergang verbraucht sehr viel Energie, denn beim Schmelzprozess müssen unzählige mikroskopische Kristallstrukturen aufgebrochen werden. Obwohl man also Wärme zugibt, verändert sich *nur* die innere Struktur, jedoch *nicht* die Temperatur. Man spricht daher auch von versteckter oder latenter Wärme. Die Energie, die nötig ist, um Eis zu schmelzen, reicht aus, um dieselbe Menge an Wasser von 0 °C auf 80 °C zu erhitzen. Die latente Wärme ist also gewaltig!

Allein aus der Energiebilanz wird somit deutlich, dass man sehr viel Energie benötigt, um Eis zu schmelzen. Ohne latente Wärme wäre das Skifahren um Ostern unmöglich. Die Sonne braucht aufgrund der latenten Wärme des Wassers eben sehr lange, um den Schnee zum Schmelzen zu bringen.

Da in der Natur Energie immer erhalten wird, wird diese versteckt gespeicherte Energie natürlich wieder frei, wenn aus Wasser Eis wird. In der Tat wird es auch warm, wenn es schneit!

Zurück zum Handwärmer: Im Kochtopf wird also die Energie in der Flüssigkeit des Handwärmers gespeichert. Wenn diese dann kristallisiert, setzt ein Phasenübergang ein: Die Flüssigkeit wird fest, die zuvor gespeicherte Energie wird wieder abgegeben, das Kissen wird warm.

Das Metallplättchen setzt dabei den eigentlichen Kristallisationsprozess in Gang. Die Flüssigkeit im Handwärmer ist nämlich »unterkühlt«. Der Phasenübergang ist überfällig; bei der geringsten Störung – zum Beispiel dem Knicken des Metallplättchens – gefriert die Flüssigkeit.

Wenn Wasserflaschen im Eisfach liegen, kann man das Phänomen der Unterkühlung ebenfalls beobachten: Das Wasser in der Flasche ist −5 °C kalt, und eine kleine Störung, wie zum Beispiel ein Schütteln, reicht aus, damit das Wasser in der Flasche schlagartig gefriert. Mit einer Wärmekamera kann man sogar zeigen, dass die Flasche wärmer wird.

Handwärmer sind also keine Zauberei, sondern nutzen auf clevere Weise die Gesetze der Physik. Als Speicher dienen die latente Wärme und das Prinzip: Energie rein = Energie raus.

Warum spritzt es bei
der **Arschbombe?**

39 Ich hatte Angst, doch es gab kein Zurück mehr: Von oben sah das Becken erschreckend klein aus, und ich würde nun dort hineinstürzen. Wahrscheinlich war ich zu feige, um vor den Augen meiner Mitschüler einen Rückzieher zu machen und mich zu blamieren, also schloss ich die Augen und sprang in die wassergefüllte Ungewissheit. Der Aufprall schmerzte, doch ich lebte, und nach einer Schrecksekunde überkam mich ein Gefühl von Stolz: Ich hatte es gewagt – mein erster Sprung vom Dreimeterbrett.

Zum Glück war das Fünfmeterbrett während des Schwimmunterrichts immer geschlossen, und einen Zehnmeterturm gab es nicht im Schwimmbad unseres Städtchens. Für junge Schwimmer sind Sprungbretter eine provokante Mutprobe, denn an jeder Leiter steht in großen unsichtbaren Lettern geschrieben: »Feigling – trau dich!«

Aber in jeder Klasse gibt es neben Feiglingen auch ein paar gut gebaute Schwimmer, die mit akrobatischen Sprüngen die Herzen der Mädchen erobern. Was ist ihr Geheimnis?

Perfektion duldet keinen Spritzer: Das ist die Regel beim klassischen Turmspringen.

Sofort nachdem die Hände die Wasseroberfläche durchstoßen haben, breitet der Springer die Arme aus. Außerdem winkelt er Kopf und Oberkörper ab. Dadurch rollt der Springer zur Seite, bremst ab und nimmt wenig Luft mit nach unten.

Bei der »Arschbombe« heißt es hingegen: So viele Spritzer wie möglich!

Mit einer Zeitlupenkamera haben wir den Unterschied dokumentiert: Auf den Aufnahmen erkennt man, dass es zwei verschiedene Arten von Spritzern gibt: Die sogenannten Primärspritzer entstehen beim Aufprall. Der Springer ist so schnell – immerhin rund 50 km/h –, dass das Wasser nicht um ihn herumfließen kann. Es wird weggeschleudert; je größer die Kontaktfläche beim Auftreffen auf die Wasseroberfläche ist, desto mehr spritzt es.

Beim Eintauchen entstehen dann die sogenannten Sekundärspritzer: Der Springer reißt jede Menge Luft mit nach unten. Es bildet sich ein nach oben offener Einschlagskrater. Von allen Seiten schießt dann das Wasser in diesen Luftkrater und wird nach oben herausgeschleudert. Je runder und tiefer der Krater, desto größer wird die Fontäne. Das Wasser spritzt teilweise über die Höhe des Sprungbretts hinaus!

So weit die Theorie – und jetzt heißt es: »Trau dich!«

Rechnen die
Inder anders?

40 Die »Panne« ereignete sich in einer Talkshow. Der Gastgeber hatte mich kurz vor der Sendung im Vorgespräch auf die besondere Affinität der Inder zur Mathematik angesprochen. Dahinter verbarg sich seine Vorstellung, dass jeder Inder ein IT-Spezialist sei. Solche Klischees wandeln sich übrigens im Laufe der Zeit; noch vor Jahren war der Subkontinent ein Synonym für den Kontrast zwischen grenzenloser Armut und märchenhaftem Reichtum. Indien war das Land von Mutter Teresa, heiligen Kühen, duftenden Tempeln, stolzen Maharadschas und dem Tiger von Eschnapur.

Inzwischen hat sich das Bild verändert, und neben den heiligen Kühen und der geheimnisvollen Heilkunst des Ayurveda scheint das Land vor emsigen Programmierern nur so zu wimmeln.

Keines dieser Bilder passt, doch aus der Ferne betrachtet tragen ja auch alle Deutschen Lederhosen, essen Würstchen und trinken Bier.

Ich erzählte meinem Kollegen von den Wurzeln der Mathematik und davon, dass Inder, wie keine andere Nation, das Spiel mit den Zahlen lieben.

Um ihm meine Gedanken zu verdeutlichen, absolvierte ich eine einfache Multiplikation und wählte dabei die »indische Methode«. Er war entzückt, und kurze Zeit später wiederholte ich meine Rechnung vor laufender Kamera.

Ich hätte es besser nicht tun sollen, denn nach der Sendung gab es eine Flut von Zuschauerbriefen und Mails. Jeder wollte mehr wissen über diese vedische Rechenmethode, Schulkinder, Erwachsene, Lehrpersonal, Minister und sogar Ordensschwestern schrieben. Eine simple indische Rechenart hatte die Menschen mehr berührt als das Glitzern und der Glamour!

Mit dem Beispiel wollte ich demonstrieren, dass es in der Mathematik nicht den »einen richtigen« Weg gibt, der uns Schülern so gerne eingetrichtert wird. Mathematik ist ein Spiel, bei dem es unzählige Lösungswege gibt.

Jede Zahl hat eine »Persönlichkeit«, und wer die Eigenarten der Algebra beherrscht, beherrscht auch das Spiel der Rechenarten.

Begonnen hat es vor mehr als 5000 Jahren in Indien. Die Veden zählen wohl zu den ältesten Aufzeichnungen menschlicher Erkenntnis überhaupt und wurden über Jahrhunderte hinweg von einer Generation zur nächsten mündlich überliefert. Sie umfassen Medizin, Astronomie, Architektur und zahlreiche andere Wissensgebiete – und so auch Mathematik. Immerhin entspringt unser heutiges Zahlensystem diesen Wurzeln; auch die Null stammt ursprünglich aus Indien (siehe »Sonst noch Fragen?«, Kapitel 99: Woher kommt die Null?).

Erst beim Studium alter Sanskrittexte wurde das vergessene System der vedischen Mathematik zwischen 1911 und 1918 von Sri Bharati Krsna Tirthaji (1884–1960) wiederentdeckt. In den Schriften gab es jedoch keine unmittelbaren Rechnungen, vielmehr enthielten sie Regeln und Rechenanweisungen, die nur auf den zweiten Blick ihren Inhalt preisgaben. Bharati Krsna studierte die Texte mit großer Gewissenhaftigkeit und kam zu der Erkenntnis, dass das Gebäude der vedischen Mathematik auf insgesamt 16 Sutras basierte. Hierbei handelt es sich um verschlüsselte Anweisungstexte. Für sich genommen ergeben die knappen Sätze kaum einen Sinn. Einige lauten:

एकाधिकेन पूर्वेन   *»Eine mehr als derjenige davor«*

निरिवलं नवतश्चरमं दशतः *»Alle von 9 und die letzte von der 10«*

ळ्ध्वॉतिर्यग्भ्यामं   *»Senkrecht und kreuzweise«*

Kurz vor seinem Tod im Jahre 1960 verfasste Bharati Krsna ein mathematisches Lehrbuch, in welchem er die einzelnen Methoden mit vielen Beispielen erläuterte. Vor etwa 20 Jahren stieß ich beim Durchstöbern eines alten Buchladens in Delhi auf ein Exemplar und verschlang es in den folgenden Tagen. Im Buch zeigt eine Fotografie den Meister im Lotussitz, mit Ketten behangen auf einem Leopardenfell!

Als Anregung möchte ich jedoch nicht darauf verzichten, Ihnen zumindest ein Beispiel zu erläutern: Es handelt sich um das Sutra: *»Senkrecht und kreuzweise«*.

Stellen Sie sich vor, Sie multiplizieren die Zahlen 8 und 7.

Im vedischen System schreiben Sie zunächst beide Zahlen untereinander:

$$
\begin{array}{l}
8\ 2 \\
7\ 3 \\
\hline
5\ 6 \ \ \text{(Ergebnis)}
\end{array}
$$

Anschließend komplettieren Sie bis zur 10 und schreiben die jeweilige Zahl rechts daneben: also 8 + 2 = 10 und 7 + 3 = 10. Und jetzt greift das Sutra:

Das Ergebnis lautet 56:
5 ergibt sich durch die *kreuzweise* Subtraktion
(also 7 − 2 oder 8 − 3).
6 ergibt sich aus dem *senkrechten* Produkt (2 × 3).

Probieren Sie es mit den Zahlen 998 × 889:
In vedischer Schreibweise:

998 2
889 111
_____

887 **222** (Ergebnis)

(Zur Erläuterung: 998 + 2 = 1000; 889 + 111 = 1000,
dann das *kreuzweise* Subtrahieren: 889 − 2 = 887,
und im nächsten Schritt das *senkrechte* Produkt: 2 × 111 = 222.
In der Tat ist 998 × 889 = 887 222!)

Beim Multiplizieren von Zahlen über der Schwelle 100 greift
ein anderer ebenfalls einfacher Weg:

102 × 107 = 10 914

Zunächst der erste Teil: Hierbei addiert man die letzte Ziffer
der zweiten Zahl zur ersten: 102 + ...7 = 109.
Dann folgt die Multiplikation der beiden Endziffern:
2 × 7 = 14
− und somit hat man sofort das Resultat: 10 914.

Ein anderes Sutra lautet: »*Einer mehr als derjenige davor*«, und
ist der Schlüssel zum Quadrat von Zahlen, die mit 5 enden:

$75^2 = 5625$
Das Ergebnis besteht aus den Teilen 56 und 25.

Zunächst gilt: *Alle* Quadrate von Zahlen, die mit der Ziffer 5 enden, haben an den letzten beiden Stellen die Zahl 25! Der letzte Teil ist also *immer* 25.

Der erste Teil des Ergebnisses 56 ergibt sich wie folgt:
7 multipliziert *mit einem mehr als derjenige davor*, also

$$7\ 5^2 = 5\ 6 \quad 2\ 5$$
$$\underbrace{\qquad}_{7 \times 8 = 56}$$

Natürlich funktioniert die Methode auch mit anderen Zahlen, zum Beispiel $105^2 = 11\,025$ ($10 \times 11 = 110 \dots 25$)

Wer die vedischen Anleitungen beherrscht, kann problemlos große Zahlen im Kopf multiplizieren, Wurzeln ziehen oder mit großer Leichtigkeit Brüche dividieren. Inzwischen hat Computer-Indien sogar eine Vielzahl von DVD-Kursen und Websites hervorgebracht, auf denen die Sutras interaktiv erklärt werden.

»Vedische Mathematik« ist reizvoll und macht auch jungen Menschen Spaß. Wenn der Mathelehrer also eines Tages mit Ketten behangen auf einem Leopardenfell sitzt, dann wissen Sie: Er rechnet anders!

Warum starten **Weltraumsonden** immer in der Nähe des Äquators?

41 Regelmäßig hören wir in den Nachrichten von Raketenstarts – aus Florida, aus Kasachstan, oder wenn die Europäer einmal wieder abheben, aus Kourou.

Doch Kourou liegt weit weg von unserem Kontinent, in Französisch-Guayana im Norden Südamerikas. Warum starten die Europäer von dort und nicht von hier?

Betrachtet man die internationalen Weltraumbahnhöfe, fällt auf, dass sie direkt an der Küste oder inmitten von fast unbewohntem Gelände liegen. Das ist plausibel, denn im Falle eines Fehlstarts sollte die Rakete nicht auf dicht besiedeltem Gebiet abstürzen. Beim Blick auf den Globus zeigt sich aber

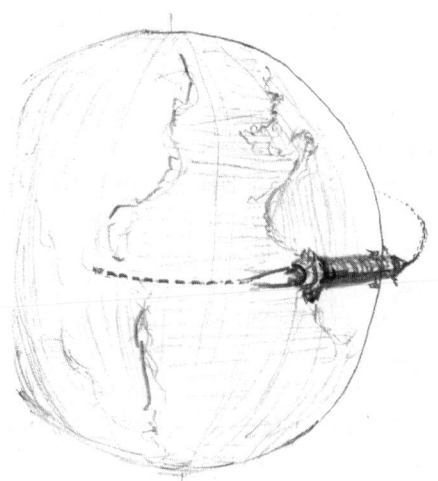

auch, dass die großen Startbasen wie Kourou, das Kennedy Space Center oder Baikonur möglichst nah am Äquator liegen. Auch das ist kein Zufall. Beim Start in den Orbit muss die Rakete möglichst schnell werden. Nur so schafft sie es, in eine stabile Umlaufbahn um unseren Planeten zu gelangen. Hierbei nutzen die Techniker die Drehenergie der Erde aus: Am Äquator dreht sich unsere Erde am schnellsten, und zwar mit etwa 1 630 km/h! Am Nordpol ist die Drehgeschwindigkeit hingegen 0 km/h.

Um diese Rotationsenergie mit zu nutzen, starten die Raketen daher bevorzugt in Äquatornähe, und zwar Richtung Osten. So ist der Mitnahmeeffekt am größten. Ideal wäre es also, wenn alle Satelliten und Raumfähren die Erde immer exakt über dem Äquator umkreisen würden. Weicht man beim Abheben von dieser Ideallinie ab und startet zum Beispiel Richtung Nord-Ost, dann reduziert sich die »Gratis-Energie« der drehenden Erde. Solche Missionen benötigen demnach deutlich mehr Treibstoff und mindern die mögliche Nutzlast. Dafür umkreisen sie unsere Erde in einem größeren Band. Besonders energiefressend sind deshalb polare Satelliten, deren Umlaufbahnen sich über Nord- und Südpol ziehen. Da sich die Erde unter diesen künstlichen Trabanten hinwegdreht, überfliegen diese im Laufe der Zeit jeden Ort und können mit Spezialkameras das Geschehen am Boden überwachen.

Die meisten Shuttlemissionen nutzen den maximalen Mitnahmeeffekt und starten von Florida aus Richtung Äquator. Ihre Bahn verläuft daher im Band zwischen 28,8 Grad nördlicher bzw. südlicher Breite. Das entspricht genau der geografischen Breite des Startorts in Florida. Ein Großteil der Shuttlemissionen und auch das Weltraumteleskop Hubble sind also nicht vom nördlichen Europa aus zu sehen.

Im Falle der internationalen Weltraumstation einigte man sich nach langen Verhandlungen auf eine Bahnneigung von

51,6°, und so überfliegt das Weltraumlabor in regelmäßigen Abständen auch Deutschland[18].

Mit etwas Glück ist es am Abendhimmel als leuchtender Punkt sichtbar, und wer das Spektakel selbst erleben möchte, kann sich im Internet die genauen Überflugdaten ausdrucken.

Gemeinsam mit meinen Kindern habe ich die Station schon mehrfach gesichtet. Ein leuchtender Punkt, der sich immer in östlicher Richtung bewegt.

Was bedeutet
Meereshöhe?

42 Im Kölner Karneval gibt es ein bekanntes Lied: »Dreimol Null es Null, bliev Null« (dreimal null ist null, bleibt null), dessen scheinbar einfache Erkenntnis man auf die unterschiedlichen Nulllinien in Europa nicht anwenden kann. Leider – denn sonst wäre den Ingenieuren beim Bau einer deutsch-schweizerischen Brücke eine große Blamage erspart geblieben. Doch fangen wir bei null an:

Bei Karten gibt es immer wieder die Höhenangabe »Höhe über NN«. Da steht dann 350 Meter über Normalnull oder Normalhöhennull, wie es heute heißt. Doch was bedeutet das?

Wenn man zum Beispiel bei Bergen eine exakte Höhe angeben möchte, braucht man eine Referenz, also einen Nullpunkt, von dem aus dann die Höhe gemessen wird. Diese Referenz sollte natürlich möglichst einheitlich sein. Es ist naheliegend, dass man das Meer als Nullpunkt setzt, auf den man sich beim Vermessen von Höhen und Bergen beziehen kann.

Schon vor 300 Jahren nahm man in Amsterdam als Basis die mittlere Hochwasserlinie der Zuiderzee. Dieses Niveau wurde dann 1818 zur Grundlage für die Höhenvermessungen in den Niederlanden. Später wurde der »Amsterdamer Pegel« auch zum Bezugspunkt für die anderen angrenzenden Nationen. So auch für Deutschland.

In Österreich und der Schweiz hingegen orientierte man sich

am Mittelmeer. Der Normalpegel in diesen Ländern bezieht sich auf die Adria und wird »Triester Pegel« genannt, nach der italienischen Hafenstadt Triest. Die ehemalige DDR wiederum bezog ihre Nulllinie auf den Kronstädter Pegel bei Sankt Petersburg, der 14 Zentimeter über dem Amsterdamer Pegel liegt.

Je nachdem von wo man also zum Beispiel einen Berg betrachtet, erscheint er unterschiedlich hoch, denn entscheidend ist die Nulllinie, auf die man sich jeweils bezieht. Das kann zu Problemen führen: Beim Bau der Neuen Rheinbrücke in der deutsch-schweizerischen Grenzstadt Laufenburg[19] nahmen die deutschen Bauarbeiter den Amsterdamer Pegel als Ausgangspunkt, die Schweizer Ingenieure rechneten hingegen mit dem Triester Pegel. Man war sich der Pegelunterschiede zwar bewusst, doch statt die 27 Zentimeter auf Schweizer Seite bei der Berechnung anzuheben, wurden sie fälschlicherweise abgesenkt! Die Folge war eine Blamage.

Moderne Landvermesser orientieren sich inzwischen an präziseren Satellitendaten.

Für Deutschland wurde 1993 die Einführung eines einheitlichen Höhenbezugssystems beschlossen. Dieses Deutsche Haupthöhennetz92 (DHHN92) orientiert sich am Amsterdamer Pegel. Höhen in diesem System werden als »Höhen über Normalhöhennull« (NHN) bezeichnet. Als einheitliches Bezugssystem für europäische Geodaten wurde das European Vertical Reference System (EVRS) eingeführt.

Europa wurde dabei mit einem Höhennetz versehen, welches auch die lokalen Höhenunterschiede durch den Einfluss der Schwerkraft berücksichtigt. Als Nulllinie zählt dabei immer noch der Amsterdamer Pegel. Doch von nun an gilt: Alle Länder haben dasselbe Niveau!

Warum vertauscht der **Spiegel** rechts und links, jedoch nicht oben und unten?

43 »Woher willst du wissen, dass ich verrückt bin?«, erkundigte sich Alice.
»Wenn du es nicht wärest«, stellte die Grinsekatze fest, »dann wärest du nicht hier.«
Lewis Carroll: Alice im Wunderland, Kapitel 6

Spiegel besitzen eine besondere Magie. Sie zeigen uns eine Parallelwelt. In der Erzählung von Lewis Carroll begibt sich Alice in die *Welt hinter dem Spiegel* und stößt auf allerlei sonderbare Dinge.

Viele Tiere glauben zum Beispiel, dass ihr Spiegelbild ein anderes Tier sei, und es erfordert eine gewisse Reife, bis auch wir Menschen das Gegenüber als unser eigenes Spiegelbild erkennen. Doch das Gegenüber ist immer seitenverkehrt: Wenn ich den rechten Arm hebe, dann hebt mein Spiegelbild von sich aus gesehen den linken Arm.

Der Spiegel wirft das Licht direkt zurück. Mein rechter Arm ist auch im Spiegelbild tatsächlich auf der rechten Seite. Die Vertauschung kommt jedoch erst dadurch zustande, dass wir Spiegelbild und Original miteinander vergleichen. In Gedanken fordern wir dabei unbewusst, dass Spiegelbild und Original uns zugewandt sind, und blicken dann auf beide Bilder. Damit dieses klappt, müssen wir ein Bild drehen.

Das klingt etwas abstrakt, doch stellen Sie sich folgende Situation vor:

Ein Fotograf macht ein Foto von Ihrem Spiegelbild. Dabei blicken Sie in den Spiegel und wenden ihm den Rücken zu. Und jetzt will er ein Bild von Ihnen machen. Sie müssen ihn anschauen, drehen sich somit zu ihm und schauen in seine Linse.

Wenn Sie sich anschließend beide Fotos ansehen, vertauscht der Spiegel in der Tat links und rechts. Doch es gibt noch eine zweite Möglichkeit:

Stellen Sie sich vor, Sie machen dasselbe Experiment mit dem Fotografen im Weltraum. In der Kapsel herrscht Schwerelosigkeit, und erneut beginnt der Fotograf mit der ersten Aufnahme: Sie drehen ihm wie zuvor den Rücken zu, er fotografiert Ihr Spiegelbild. Jetzt macht er das zweite Bild und bittet Sie dabei, direkt in die Linse zu schauen. In der Schwerelosigkeit drehen Sie sich dieses Mal kopfüber und lachen in das Objektiv. Bei der anschließenden Betrachtung stellen Sie nun fest: Der Spiegel vertauscht oben und unten!

Es liegt also nur daran, wie wir uns drehen, um dann in die Linse zu schauen. Da wir uns üblicherweise auf dem Boden bewegen und uns daher immer um die senkrechte Achse drehen, kennen wir nur die Spiegelung zwischen links und rechts. Würden wir hingegen in der Schwerelosigkeit leben, wäre auch das Drehen um die horizontale Achse kein Problem – mal wären oben und unten, und mal links und rechts vertauscht.

Streng genommen vertauscht nicht der Spiegel die Richtungen, sondern wir. Der Spiegel kehrt lediglich die Richtung senkrecht zur Spiegelfläche um.

Das Beispiel illustriert, wie wir oft unbewusst unsere Eigenarten auf andere Dinge projizieren. Als Betrachter stülpen wir unsere Welt über die Dinge, die wir wahrnehmen. Von einer Tante erbte ich eine Sammlung alter ethnologischer Zeitschriften. Die Artikel berichteten über Forscher, die damals noch unbekannte Stämme auf dem afrikanischen Kontinent erkundeten. Die Art des Vorgehens dieser Forscher war geprägt von ihrer Zeit, ihrer Kultur und ihren festgelegten Mustern, und mir wurde beim Lesen deutlich, dass ihre »objektiven« Erkenntnisse durchtränkt von subjektiven Ansichten und Annahmen waren. Sie hatten die Eingeborenen durch die Brille ihrer Zeit betrachtet.

Gute Wissenschaft sucht jedoch nach der »objektiven« Wahrheit und bemüht sich, den Mantel der jeweiligen Kultur abzulegen. Doch das ist keinesfalls so einfach.

Seit jeher haben Philosophen und Physiker über solche grundsätzlichen Fragen nachgedacht und sind dabei zu erstaunlichen Ergebnissen gekommen. Vor einem Jahrhundert begann zum Beispiel ein junger Physiker damit, genau zu analysieren, wie wir Raum und Zeit messen, wenn sich ein Bezugssystem relativ zu unserem bewegt. Mit Akribie und Gewissenhaftigkeit stellte er alles Bekannte auf den Prüfstand. Aus dieser erstaunlich einfachen Frage entsprang eine Theorie, welche unsere Welt veränderte: die Relativitätstheorie von Albert Einstein. Raum und Zeit waren von da an keine absoluten Größen mehr, sondern das unmittelbare Konstrukt des Betrachters.

Wie kann man Steuer- betrüger entlarven?

44 Jedes Jahr entgehen unserem Staat Milliarden an Steuergeldern, weil verschwiegen und gepfuscht wird. Doch wie kann man Steuersünder entlarven?

Abrechnungen, Ausgaben oder Reisekilometer – in vielen Fällen werden keine echten, sondern willkürlich eingesetzte Zahlen angegeben, und das kann man mathematisch entlarven! Es gibt nämlich ein interessantes Naturgesetz. Wenn man die Anfangsziffern von Zahlen in Zeitschriften, Büchern, Tabellen oder aus ungefälschten Buchhaltungen durchgeht, stellt man fest, dass nicht jede Anfangsziffer gleich oft vorkommt: Am häufigsten beginnen die Zahlen mit der »1«, dann folgt die »2« usw.

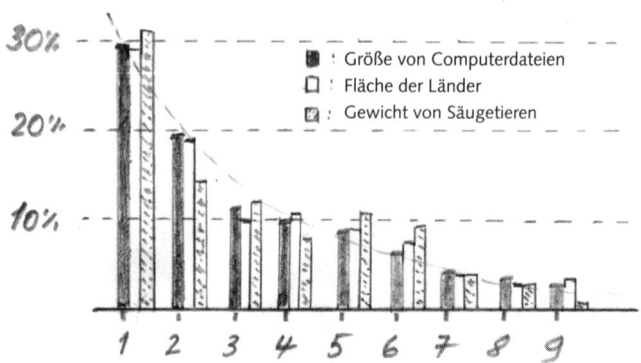

Bei der Häufigkeitsverteilung ist es egal, ob es sich um die verschiedenen Dateigrößen eines Computers, um das Gewicht von Säugetieren oder um die Zahlen in einer Illustrierten handelt. Die Werte sind immer sehr ähnlich: Die »1« kommt am häufigsten vor, die Häufigkeit der nachfolgenden Ziffern nimmt immer mehr ab. Diese Gesetzmäßigkeit wurde schon im 19. Jahrhundert vom Mathematiker Simon Newcomb und später vom Physiker Frank Benford genauer beschrieben.

Und jetzt zu unserer Steuererklärung: Wenn sie korrekt ist, spiegelt sie ebenfalls diese charakteristische Verteilung der Anfangsziffern wider. Doch wenn man falsche Angaben macht und alle möglichen Zahlen erfindet, stimmt das Ergebnis nicht mit dem Benford-Gesetz überein.

Man kann also theoretisch schon an den Zahlen ablesen, ob jemand gepfuscht hat oder nicht. Bei einigen Skandalen in der Wissenschaft hat diese Verteilung so manchen Fälscher überführt. Inzwischen denken die Steuerbehörden tatsächlich darüber nach, ob sie die Häufigkeit einzelner Zahlen bei der Steuererklärung prüfen sollten.

Sie sollten also ehrlich bleiben, und wenn nicht, dann denken Sie zumindest an das Gesetz von Benford!

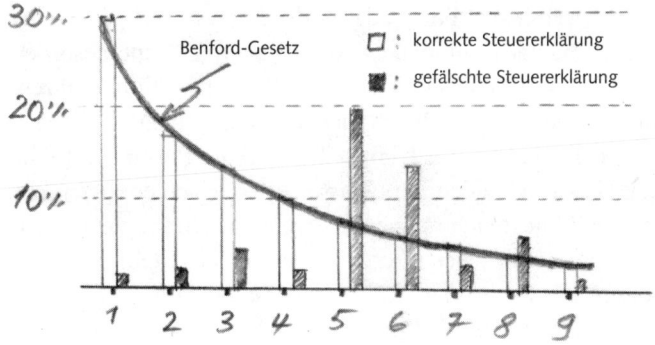

Wie viel Flüssigkeit passt in eine Babywindel?

45 Auf die Frage, in welcher Zeit man leben möchte, antworten einige vielleicht: »Am liebsten würde ich im Mittelalter oder in der Romantik auftauchen.« Das mag zwar interessant sein, doch schon bald wäre man von der Beschwerlichkeit des damaligen Alltags überrascht. Vor allem junge Eltern würden sich vermutlich schnell wieder in unsere Gegenwart zurücksehnen: keine Waschmaschine, kein Reißverschluss, keine Gummibänder an den Hosen und keine Einwegwindeln!

Wer am technischen Fortschritt zweifelt, der sollte sich eine moderne Windel einmal genauer ansehen. Erfunden wurde sie in den Fünfzigerjahren des vergangenen Jahrhunderts. In den Höschenwindeln steckt jedoch weit mehr als Zellstoff und Plastik.

Das Geheimnis der ungeheuren Saugfähigkeit verbirgt sich in einem weißlichen Pulver, das in der Lage ist, eine große Flüssigkeitsmenge zu binden. Dieser sogenannte »Superabsorber« eignet sich für eine eindrucksvolle Demonstration. Während einer Talkshow machte ich folgendes Experiment:

In ein Trinkglas gab ich einen Teelöffel des Pulvers und füllte das Glas anschließend mit Wasser auf. Nach einer kurzen Einwirkzeit blickte ich meinen Gastgeber an und sagte: »Es gibt jetzt für mich zwei interessante Möglichkeiten: Entweder klappt das Experiment, oder du wirst gleich nass. In beiden Fällen gibt es eine Überraschung!« Ich erinnere mich noch gut an seinen skeptischen Blick, als ich das Glas über seinem Kopf umdrehte.

Ein Fehlschlag wäre in der Tat nett gewesen, und am Folgetag hätte es dann womöglich folgende Schlagzeile gegeben: »Wissenschaftsjournalist macht Talkshowmoderator nass!«

Doch das Experiment klappte (leider), denn kein Tropfen fiel heraus. Das weißliche Pulver hatte die gesamte Flüssigkeit im Glas gebunden.

Chemisch gesehen besteht der Superabsorber aus langen Molekülketten aus Acrylsäure, die sich zu einem Netz ausbilden. Wenn Wasser eindringt, quillt zunächst das Netz auf. Die eindringenden Wassermoleküle werden in den mikroskopischen Hohlräumen festgehalten. Es bildet sich ein Gel.

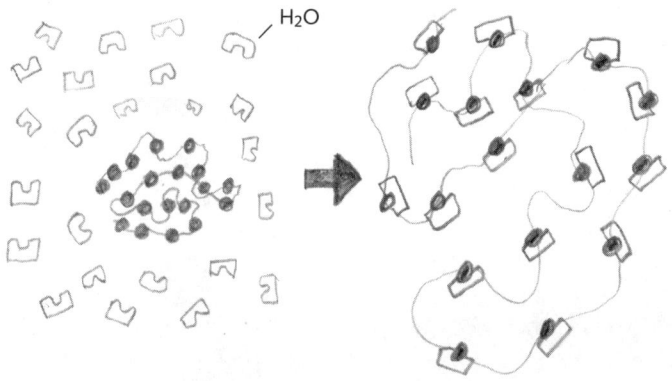

Manche Superabsorber können bis zum Dreihundertfachen ihres Eigengewichts an Flüssigkeit aufnehmen, und diese phänomenale Aufnahmefähigkeit macht die Windeln dünn und dennoch saugfähig. Im Vergleich zu den Achtzigerjahren sind moderne Windeln bei gleicher Saugfähigkeit dank dieses Pulvers gerade einmal halb so schwer.

Außer in Windeln werden solche Superabsorber übrigens

auch in der Technik eingesetzt, so zum Beispiel bei Kabelummantelungen. Der Absorber befindet sich im Mantel. Falls es einen Riss gibt, quillt die Kontaktstelle durch die eindringende Feuchtigkeit auf und versiegelt somit die schadhafte Stelle in der äußeren Ummantelung, so dass keine weitere Feuchtigkeit nachfließen kann.

Säuglinge und ihre Eltern profitieren jedenfalls von dieser Hightech-Entwicklung, doch mit manchen »Geschäften« ist selbst der beste Superabsorber überfordert ...!

Wie funktioniert eine
Hochrechnung?

46 Wahlen entwickeln sich immer mehr zu reinen Zirkusveranstaltungen. Unsere Städte hängen voller Plakate, und die bunten Wahlkampfparolen sind mitunter ein Angriff auf jeden klar denkenden Bürger (»Reichtum für alle!«). Wochenlang spekulieren die Medien und berufen sich dabei auf schwankende Umfragen und Prognosen. In inszenierten Rededuellen und Interviews buhlen die Kandidaten um die Gunst von uns Wählern und wiederholen, was sie schon immer gesagt haben. Da wird beschönigt und versprochen, und statt klarer Aussagen und Analysen serviert man uns einen Cocktail an rhetorischen Scharmützeln, deren Informationswert sich nur noch Insidern erschließt.

Und dann ist er da, der Tag der Entscheidung, und alle blicken auf den Ausgang der Wahl, als würde die Welt danach eine andere sein.

In Sondersendungen wird fleißig geschaltet und kommentiert, die Kandidaten lächeln, bedanken sich bei den Wählern, und irgendwie scheint es an diesen Abenden immer nur Gewinner zu geben.

Unmittelbar nach Schließung der Wahllokale werden am Abend dann die ersten Hochrechnungen bekannt gegeben. Diese sind, wenn man sie mit dem amtlichen Endergebnis vergleicht, bereits erstaunlich genau. Was verbirgt sich dahinter?

Die Kunst der guten Hochrechnung besteht darin, mit einer

kleinen Auswahl an Werten ein möglichst genaues Ergebnis zu erhalten, und dabei hilft ein interessantes Gesetz der Statistik.

Stellen Sie sich vor, Sie müssten genau bestimmen, wie die Farbverteilung in einem riesigen Berg an bunten Schokolinsen aussieht. Wie viel Prozent der Schokolinsen sind rot, blau, gelb oder grün? Gehen wir davon aus, dass die Farben gut durchmischt sind.

Zunächst entnehmen Sie eine kleine Stichprobe von zum Beispiel zehn Linsen und zählen sie aus. Das Ergebnis schwankt natürlich und ist noch stark durch den Zufall geprägt. Bei einer Stichprobengröße von 100 wird die Schwankung merklich kleiner. Der statistische Fehler liegt bei etwa zehn Prozent und wird umso kleiner, je größer die Stichprobe ist. Bei 1000 entnommenen Schokolinsen liegt er bereits bei etwa drei Prozent und bei einer Stichprobe von 10 000 Stück nur noch bei etwa einem Prozent.

Wenn Sie also 10 000 Linsen auszählen, können Sie das Endergebnis mit einem Fehler von gerade einmal einem Prozent benennen.

Die mathematische Eigenschaft der statistischen Fehlerberechnung besteht darin, dass sich die Präzision des Ergebnisses kaum noch verbessert, wenn man statt 10 000 zum Beispiel 20 000 Proben auswertet. Will man das Ergebnis auf wenige Prozent genau wissen, reicht es also, wenn man sogar weniger als 10 000 Proben auswertet. Bei seriösen Hochrechnungen wird diese Stichprobenzahl immer angegeben, denn so kann man direkt berechnen, wie zuverlässig das Ergebnis ist.

Politische Wahlen sind natürlich etwas Besonderes. Insgesamt werden daher 45 000 Wähler durch die Mitarbeiter des Meinungsforschungsinstituts befragt. Dabei werden aus den insgesamt 80 000 Stimmbezirken 400 repräsentative Bezirke ausgewählt. Das ist eine Kunst für sich, denn diese Bezirke sind repräsentativ, weil sie das Verhalten aller Stimmbezirke möglichst genau widerspiegeln. Der Anteil von Männern und Frauen, der »Mix« aller sozialen Schichten, Land- und Stadtbevölkerung, Nord und Süd – all das wird bei dieser stellvertretenden Gruppe genau berücksichtigt. Die Menschen, die es trifft, dürfen dann für die Meinungsforscher ein zweites Mal geheim abstimmen. Aus diesen Daten machen sich letztere schließlich ein Bild unseres Wahlverhaltens.

Unmittelbar nach Schließung der Wahllokale gibt es dann die ersten Hochrechnungen. Im Laufe des Abends wächst die Zahl der ausgezählten Proben, wobei das Ergebnis immer genauer wird. Man erkennt dies daran, dass die Schwankungen im Laufe des Wahlabends abnehmen. Das amtliche Endergebnis wird meist mitten in der Nacht verkündet. Die Kandidaten schlafen dann oft schon – aber dank der Hochrechnungen wissen sie meist, ob sie als Sieger oder als Verlierer aufwachen.

Warum ist Glas durchsichtig?

47 Die Frage klingt unschuldig, und die Antwort führt uns »schnurstracks« in die Welt der Atome. Zunächst fällt eines auf: Flüssigkeiten wie Wasser, Öl, Alkohol und auch Gase sind oft durchsichtig, wohingegen viele feste Stoffe wie Holz, Stein oder Eisen kein Licht durchlassen. Es gibt einen grundsätzlichen Unterschied zwischen Gasen, Flüssigkeiten und festen Stoffen.

Bei Gasen sind die Moleküle kaum miteinander vernetzt und bewegen sich frei. Auch bei Flüssigkeiten ist das der Fall, jedoch ist hier die Dichte der Moleküle höher. Bei Feststoffen hingegen sind die Moleküle geordnet und fest miteinander verbunden. Daher ist es auch sehr viel schwerer, ein festes Stück auseinanderzubrechen.

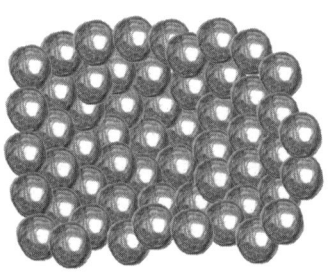 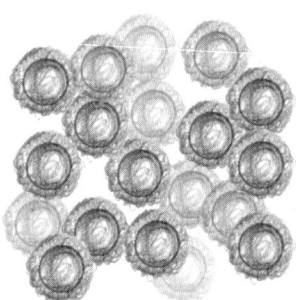

Glas bildet jedoch eine seltsame Ausnahme. Es wird aus einem Gemisch von Quarzsand, Soda und Kalk hergestellt. Jede der Ausgangssubstanzen ist undurchsichtig, doch während des Schmelzprozesses bei 1400 °C entsteht daraus durchsichtiges Glas.

Glas ist »amorph«, denn es ist nur scheinbar fest. Ein sonderbarer Materialzustand, der irgendwo zwischen dem flüssigen und festen Aggregatzustand anzusiedeln ist. Übrigens hat man bis heute die genaue Struktur des Glases nicht verstanden!

Im Gegensatz zum kristallinen Aufbau eines Metalls sind die Glasatome jedoch ungeordnet, und dieser Unterschied ist für das Licht entscheidend: Damit ein Körper durchsichtig ist, müssen die Lichtwellen den Körper ja möglichst ungehindert passieren. Bei Gasen ist das kein Problem, doch je dichter die Substanz, desto dichter die Mauer aus Atomen, die sich den Lichtquanten in den Weg stellen.

In der Welt der Quantenphysik passiert dabei Folgendes: Jedes Lichtteilchen schwingt in Abhängigkeit der jeweiligen Farbe oder Wellenlänge. Je nach Wellenlänge schwingen die Photonen innerhalb der Lichtwelle mit unterschiedlichen Frequenzen. Blaues Licht schwingt schneller, rötliches hingegen langsamer. Die Elektronen der Atome verhalten sich nun wie Räuber, die es auf die vorbeiziehenden Lichtteilchen abgesehen haben. Sie sind dabei empfänglich für ganz bestimmte Frequenzen des Lichts.

Wenn die passenden Photonen auf geeignete freie Elektronen treffen, übertragen sie ihre Energie auf die Elektronen und sterben: Das Licht wird absorbiert und als Wärme gespeichert. Finden sich hingegen keine passenden Elektronen, dann passieren die Photonen das Material ungehindert: Der Stoff ist dann durchsichtig.

Aufgrund der sehr geordneten Atomstruktur in einem Metall

gibt es viele freie Elektronen. Sie sind auch zuständig für das Leiten des elektrischen Stroms. In diesem Fall treffen die Lichtteilchen immer auf das passende Elektron, und somit sind Metalle nicht durchsichtig.

Glas hingegen ist ein Isolator und leitet den elektrischen Strom nicht, denn es besitzt aufgrund seiner amorphen Struktur kaum freie Elektronen. Es existieren also bei weitem nicht so viele Lichträuber, und die auftreffenden Photonen werden daher kaum »eingefangen«. Das sichtbare Licht kann Glas problemlos passieren. Nur die kurzwellige UV-Strahlung hat ein Problem mit dem Glas, denn diese hochfrequenten Lichtteilchen werden von den Elektronen der äußeren Atomschalen absorbiert. Glas lässt also sichtbares Licht durch, schluckt jedoch die UV-Strahlung. Das ist der Grund, warum wir hinter einer Glasscheibe nicht so schnell braun werden.

Durch verschiedene Zusätze kann man die Durchlässigkeit und somit die Farbe des Glases beeinflussen: Ein weltbekanntes Beispiel sind die blauen Kirchenfenster der Kathedrale von Chartres. Die damaligen Glasmacher nutzten, wie man heute weiß, Beimengungen von Kobalt bei der Glasschmelze, doch sie hüteten ihr Geheimnis bis ins Grab.

Noch heute werden laufend neue Gläser geschaffen. Moderne Lichtleiter aus Glas sind so raffiniert hergestellt, dass sie eine sensationelle Durchlässigkeit besitzen: Eine zehn Kilometer dicke Glasscheibe würde immer noch die Hälfte aller Lichtteilchen passieren lassen!

Ist es nicht aufregend, wie viel Physik in einer einfachen Fensterscheibe steckt?

Warum knallt
eine Peitsche?

48 Manche Fragen klingen geradezu trivial, doch bei der Suche nach der Antwort macht man eine erstaunliche Entdeckung. Zu dieser Art von Fragen gehört: »Warum knallt eine Peitsche?«

Bevor es Autos gab, waren die Straßen voller Kutschen, und das Knallen der Peitschen gehörte zum Alltag. Die Kutscher entwickelten mit der Zeit ihre eigenen Knallfolgen, so dass regelrechte Erkennungsmuster entstanden. Heute kann man die Kunst noch bei den sogenannten »Goaßlschnalzern«, den Geißel-Schnalzern, bewundern.

Genau wie früher besteht die Peitsche oder Goaßl aus einem Stock und einem langen, möglichst flexiblen Lederseil, welches sich oft zum Ende hin verjüngt.

Der Knall entsteht nicht dadurch, dass das Peitschenende auf den Boden trifft oder – noch schlimmer – das Pferd berührt. Das Endstück bleibt die gesamte Zeit in der Luft.

Zwei Mathematiker der University of Arizona haben die Physik der Peitsche genau untersucht:[20] Beim Schwingen der Peitsche entsteht, wenn man es richtig kann, am Stockende eine U-förmige Schlaufe in der Schnur. Diese Schlaufe bewegt sich dann Richtung Peitschenende. Ein kleines Schnurstück bewegt sich also quer zur Schnurrichtung hin und her.

Da die Peitschenschnur jedoch immer dünner wird, wird bei diesem Hin und Her immer weniger Masse bewegt. Dem Gesetz von Energie- und Impulserhaltung entsprechend wird die Abnahme der bewegten Masse durch eine Zunahme der Geschwindigkeit kompensiert. Je kleiner der Querschnitt der Schnur wird, desto schneller bewegt sich die Schlaufe. Die gesamte Energie des Schlags konzentriert sich also irgendwann auf das kleine, dünne Endstück.

In der Zeitlupe sieht man, wie das U in der Schnur immer schneller wird, selbst bei extremer Verlangsamung der Bilder rast die Schleife am Ende derart schnell, dass man ihr mit dem bloßen Auge nicht mehr folgen kann.

Wissenschaftler haben daher mit einer ausgefeilten Fotografier- und Belichtungstechnik, wie sie bei der Analyse von Geschossen verwendet wird, einen Peitschenschlag genau beobachtet: Durch Einzelbilder konnten sie die Endgeschwindigkeit des Seils ermitteln: Zwischen den Aufnahmen[21] lagen gerade einmal 111 Millionstelsekunden! Man mag es kaum glauben, doch das Ende bewegt sich mit doppelter Schallgeschwindigkeit! Beim Peitschenknallen hören wir also einen richtigen Überschallknall wie bei einem Düsenjet. Die Beschleunigung der Schlaufe beträgt das 50000-Fache der Erdbeschleunigung. Nach dieser Erkenntnis müssten wir die Geschichte umschreiben: Der erste Mensch, der die Schallmauer durchbrach, war nicht etwa ein Jetpilot, sondern ein Goaßlschnalzer!

Warum wandern
Teppiche?

49 Vor einiger Zeit erhielt ich einen netten Brief einer 87 Jahre alten Dame. Ihr war zu Hause ein seltsames Phänomen aufgefallen: Der Läufer auf ihrem Teppichboden machte seinem Namen alle Ehre, da er wie von Geisterhand zu wandern schien.

Dieses Phänomen lässt sich jedoch leicht reproduzieren und erklären: Legen Sie einen kleinen Läufer auf den Teppichboden und markieren Sie mit einem Band seine ursprüngliche Position. Wenn Sie nun darauf hin- und herlaufen, werden Sie feststellen, dass sich der obere Teppich nach einiger Zeit in der Tat verschoben hat.

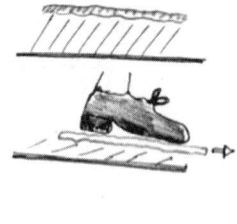

Dieses »Wandern« wird durch die Florrichtung des unteren Teppichs bedingt: Die Teppichfasern stehen nie ganz senkrecht, sondern zeigen häufig in eine Vorzugsrichtung. Sie kennen das vom Fell eines Hundes oder einer Katze. Gegen den Strich zu streicheln ist sperrig, mit dem Strich hingegen einfach.

Zurück zum Teppich: Wenn man auftritt, senken sich die Fasern des unteren Teppichs in ihrer Vorzugsrichtung ab, und dabei bewegt sich der obere Teppich leicht in die entsprechende Richtung. Beim anschließenden Aufrichten lastet nicht mehr so viel Druck auf dem aufliegenden Teppich, weshalb er sich nicht entsprechend zurückbewegt. Mit jeder Belastung gleitet der obere Teppich also geringfügig in die bevorzugte Florrichtung des unteren Teppichbodens.

Wenn man in der Stadt wohnt, entstehen durch den Autoverkehr, die U-Bahn oder vorbeifahrende Busse kleine Erschütterungen. Gerade in älteren Häusern mit schwingenden Holzböden sind diese Vibrationen besonders ausgeprägt. So ergibt sich immer wieder ein kleines Auf und Ab, das den Teppich scheinbar wie von selbst wandern lässt.

Es gibt jedoch ein einfaches Gegenmittel: Legen Sie eine Gummimatte zwischen die beiden Teppiche, und das Wandern hat ein Ende.

Wandernde Teppiche kann man physikalisch erklären, doch beim fliegenden Teppich muss ich passen!

Warum herrscht bei Tiefdruckgebieten schlechtes Wetter?

50 Leider heißt es viel zu oft in unseren Nachrichten: »Durchzug eines Tiefdruckgebiets, das Wetter wird schlecht«. Warum ist das so?

Durch die Drehung der Erde kommt es zu großflächigen Luftbewegungen. Am bekanntesten sind dabei die sogenannten Passatwinde, die unterschiedliche Situationen entstehen lassen: Schiebt sich warme und weniger dichte Luft über die schwerere kalte Luft, nennt man das eine Warmfront; oder aber kalte und dichtere Luft schiebt sich wie ein Keil unter die warme Luft – dann sprechen Meteorologen von einer Kaltfront.

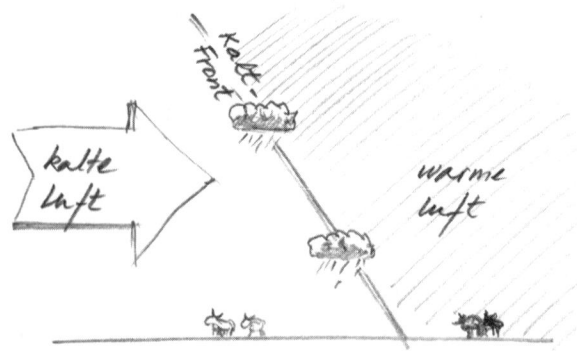

In beiden Fällen wird warme und damit auch feuchtigkeits-beladene Luft nach oben gehievt und kühlt sich dabei ab. Da kalte Luft weniger Feuchtigkeit speichern kann, kondensiert ein Teil des Wasserdampfs: Dann entstehen Wolken, und es kann regnen. Beim Durchzug einer Front ist das Wetter daher oft schlecht.

Wenn man sich nun das Wetter an einem festen Punkt vor-stellt, entspricht der Luftdruck genau der Luftmasse, die über einem steht. In der Regel wiegt diese Luftsäule etwa ein Kilo pro Quadratzentimeter. Der resultierende Luftdruck beträgt in der von Meteorologen verwendeten Einheit 1013 Hekto-pascal.

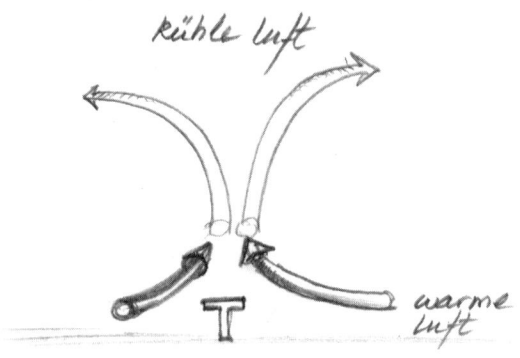

Und jetzt zum Tiefdruckgebiet: In diesem Fall fließt kühle Luft in großer Höhe ab, und warme, das heißt somit weniger dichte Luft rückt nach. Da heiße Luft weniger wiegt als kalte, nimmt das Gewicht der gesamten Luftmasse über einem ab. Ergebnis: Der Luftdruck fällt, und es entsteht eine Tiefdruckzone. Die warme und damit auch feuchte Luft strömt dabei, ähnlich wie bei der Front, nach oben und kühlt sich ab. Fazit: Bei länger anhaltendem Tiefdruck bilden sich Wolken, und es kommt zu Niederschlägen. Oft erkennt man die Ankunft eines Tiefdruckgebiets an den hohen Cirruswolken, die nach und nach den Himmel verschleiern.

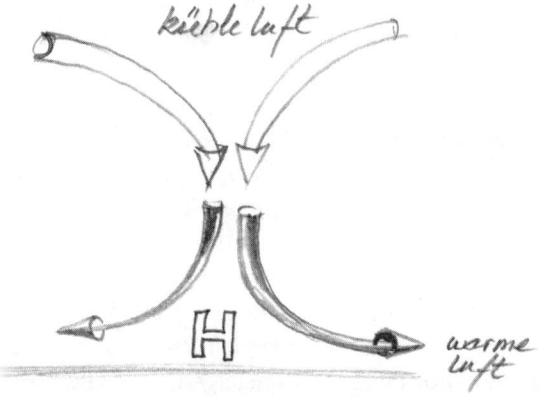

Beim Hochdruckgebiet läuft es vom Prinzip her genau umgekehrt: Kalte Luft aus großen Höhen strömt nach unten, die darunter befindliche wärmere Luft fließt seitlich nach unten ab. Die Luftsäule über uns enthält nun mehr kalte und dichte Luft, wiegt daher mehr, wodurch der Luftdruck steigt. Beim Absinken gelangen hohe Wolken in wärmere Luftschichten und lösen sich auf. Wenn das Hochdruckgebiet länger anhält, ist es daher klar und sonnig.

Über Deutschland zählt man im Jahr etwa 50 Hochdruckgebiete und immerhin etwa 150 Tiefdruckgebiete. Seit 1954 wurden vom Meteorologischen Institut der Universität Berlin Namen für die jeweiligen Tief- und Hochdruckgebiete vergeben. Zunächst wählte man männliche Vornamen für die Hochdruckgebiete und entsprechend weibliche Vornamen für die Tiefdruckgebiete. Die jeweiligen Anfangsbuchstaben entsprachen dabei der alphabetischen Reihenfolge. Da jedoch Hochdruckgebiete oft gutes Wetter mit sich bringen und Tiefdruckgebiete schlechtes, protestierten diverse Frauenverbände, und so erfolgt die Namensvergabe seit 1998 in einem wechselnden Modus: In geraden Jahren vergibt man für Hochdruckgebiete männliche und für Tiefdruckgebiete weibliche Vornamen. In ungeraden Jahren läuft es umgekehrt. Neben dem US-Wetterdienst ist die Freie Universität Berlin weltweit die einzige Institution, die Namen für Hoch- und Tiefdruckgebiete vergibt. Ende 2002 rief das Institut die »Aktion Wetterpate« aus. Seitdem können Bürger einen Namen vorschlagen und somit die Namenspatenschaft für ein Hoch- oder Tiefdruckgebiet erwerben. Patenschaften für Tiefdruckgebiete sind übrigens im Vergleich zu denen für Hochdruckgebiete günstiger zu haben. Der Erlös kommt Studenten zugute. Ab und zu werden Patenschaften auch beim Internetauktionshaus eBay versteigert. Zum Glück handelt es sich dabei nur um die Namen und nicht um das Wetter!

Warum schwimmt ein tonnenschweres Schiff?

Auf den Weg gebracht: Wie wir vorankommen

Warum **schwimmt** ein **tonnenschweres** Schiff?

51 Die größten Containerschiffe sind mehr als 300 Meter lang und transportieren an die 10 000 Container. Obwohl sie mehr als 100 000 Tonnen wiegen, schwimmen sie und gehen nicht unter.

Ob das Schiff groß ist oder klein – entscheidend ist der Auftrieb.

Ein einfaches Experiment mit einem Topf aus Stahl und einem Holzlöffel macht es deutlich. Holz besitzt eine geringere Dichte als Wasser, daher schwimmt der Holzlöffel oben, wenn man ihn aufs Wasser legt. Stahl hingegen wiegt bei gleichem Volumen mehr als Wasser, und mit Wasser gefüllt geht der Topf unter. Doch wenn man den Topf wie ein Schiff aufs

Wasser stellt, ist er mit Luft gefüllt und schwimmt. Durch die Form des Topfs bildet sich ein Hohlraum aus Luft. Der schwimmende Topf verdrängt dabei genau die Menge an Wasser, die seinem Gewicht entspricht.

Der griechische Gelehrte Archimedes erkannte dieses als Erster: Alle Gegenstände, die in eine Flüssigkeit eintauchen, erfahren durch diese einen Auftrieb. Das heißt, die Flüssigkeit drückt den Körper nach oben und wirkt der Schwerkraft entgegen. Daher spricht man auch von »Auftrieb«. Der Auftrieb, den ein Körper erfährt, ist genau so groß wie das Gewicht der verdrängten Flüssigkeit. Je mehr man den schwimmenden Kochtopf belädt, desto tiefer schwimmt er. Erst wenn das Gesamtgewicht größer ist als die durch den Topf verdrängte Wassermenge, geht er unter.

Bei Schiffen verhält es sich genauso. An der Unterseite des Bugs verrät eine Tiefgangsmarke, wie stark das Schiff beladen ist. Obwohl die Schiffe aus Stahl gebaut sind, müssen sie dennoch extrem elastisch sein. Daher verwendet man speziellen Schiffsstahl, denn durch die Wellenbewegung wirken gewaltige Kräfte auf den Rumpf und biegen das Schiff durch. Bei großen Containerschiffen oder Tankern beträgt die Durchbiegung zwischen dem Bug und dem Heck bei starkem Seegang bis zu drei Meter! Aufgrund ihrer Größe werden die Schiffe deshalb auch nach einem genauen Plan be- und entladen, da sie sonst in der Mitte durchbrechen würden. Wie empfindlich sie sind, wird deutlich, wenn man sich ein Containerschiff einmal im genauen Maßstab verkleinert vorstellt. Bei einem Meter Länge wäre die Wand des Schiffs gerade einmal 0,1 Millimeter dick. Schwimmende Containerschiffe sind jedoch riesig und können dank des Auftriebs im Wasser mehr als 10 000 Container befördern.

Auf dem offenen Meer kann an manchen Stellen Methangas vom Meeresgrund aufsteigen. Manchmal kommt es zu regelrechten Gasausbrüchen. Passiert ein Schiff ein solches Areal, wird es gefährlich, denn statt im Wasser schwimmt das Schiff plötzlich in einem Wasser-Gas-Gemisch. Die Dichte des umgebenden Mediums verringert sich dramatisch, und somit reduziert sich der Auftrieb, so dass selbst ein großes Schiff sinken könnte.

Robert Prescott und Mark Lawrence von der schottischen St. Andrews Universität[22] entdeckten bei Erkundungen des Meeresbodens 150 Kilometer nordöstlich von Aberdeen ein intaktes Schiff auf dem Meeresgrund. Normalerweise versinken Schiffe, indem sie mit dem Bug oder dem Heck in die Tiefe eintauchen und in dieser geneigten Stellung auf dem Grund aufschlagen, doch bei diesem Fund waren weder Bug noch Heck beschädigt! Einiges deutete darauf hin, dass dieses Boot horizontal gesunken war. Die Wissenschaftler vermuteten, dass ein Ausbruch von Methanblasen am Meeresgrund für das Verschwinden des Schiffs verantwortlich war. Auch für schwimmende Ölbohrinseln stellt aufsteigendes Gas, das durch die Bohrung freigesetzt wird, eine Gefahr dar.

Ein Schiff schwimmt auf dem Wasser, doch auf Gas geht es unter!

Wie entstehen **Querrillen**
auf unbefestigten Straßen?

52 In manchen Ländern ist das Reisen noch immer ein wahres Abenteuer. Ich erinnere mich gut an die schmerzlichen Strapazen in kleinen überfüllten Bussen auf den Schotterpisten des Himalaya. Die Bergbevölkerung reiste in Begleitung von Ziegen, Schafen und Hühnern, die sie auf den Märkten der Umgebung verkaufte, und nicht selten war das Gedränge in den überalterten Gefährten so groß, dass mehrere Gäste sich einen Platz teilen mussten. Durch die Beengtheit und das Hin und Her auf den Serpentinenstraßen wurde mir regelmäßig übel; durch das offene Fenster beglückte ich die Gebirgsstraßen öfter mit meinem Mageninhalt. Besonders heftig wurden wir an Stellen durchgeschüttelt, an denen es Wellen auf der Straße gab, die sich quer zur Fahrtrichtung gebildet hatten.

Ihre Entstehung hat mit den Stoßdämpfern der Autos zu tun. Bei älteren Autos und LKWs sind es einfache Blattfedern, die die Erschütterung durch die Straße abfangen. Bei jedem Schlag kommt es zu einem typischen Nachfedern. Dieses Hin und Her, die sogenannte Eigenschwingung der Federung, lässt die Wellen entstehen:

Stellen Sie sich vor, das Auto fährt über eine zufällige Delle auf der Straße. Es kommt zu diesem Rauf und Runter, bis die Schwingung abgeklungen ist. Da das Auto fährt, wird der Boden an einigen Stellen einmal mehr, einmal weniger belastet und drückt sich etwas ein. Die Frequenz entspricht dabei exakt der Eigenschwingung der Autofederung. Bei einer befestigten Straße ist der Belag so hart, dass er sich nicht verformt, doch bei einem unbefestigten Weg hat das Schunkeln des Autos eine direkte Auswirkung auf den Belag. Dieser wird nämlich durch das Auf und Ab des Fahrzeugs an bestimmten Stellen eingedrückt. Die so entstandene Delle bildet mit der Zeit eine Folgedelle, und die wiederum regt die Federung des Autos zu einer weiteren Schwingung an.

Da die Eigenschwingung der Autofederung bei vielen PKWs sehr ähnlich ist und die Autos auch mit ähnlicher Geschwindigkeit fahren, überlagern sich die Schwingungen, wodurch sich mit der Zeit auf der Straße ein typisches Profil ausbildet. Die »Berge und Täler« der Querrillen werden dabei immer größer, folglich schaukeln sich die nachfolgenden Autos immer höher, und die resultierenden Bodenwellen werden dabei immer tiefer. Es handelt sich also um ein Resonanzphänomen.

Was in Indien eher zufällig entsteht, wird hierzulande sogar bewusst in die Fahrbahn eingebaut, um die passierenden Autos zu langsamem Fahren zu zwingen. Aber davon lassen sich die Busfahrer im Himalaya nicht beeindrucken.

Warum machen **Autoreifen** auf manchen Fahrbahnen so einen **Lärm?**

53 Manche Wohnungen liegen direkt an einer Straße oder an der Autobahn, und auf Dauer ist der Straßenlärm für die Anwohner ein echtes Problem. Verschiedene Untersuchungen zum Beispiel des Umweltbundesamtes weisen darauf hin, dass Lärm die Gesundheit gefährden kann. Das Risiko etwa, einen Herzinfarkt zu erleiden, steigt bei Männern um etwa 30 Prozent, falls sie längere Zeit in Gebieten mit mittleren Schallpegeln über 65 dB(A) am Tage wohnen.

Doch bestimmte Fahrbahnen scheinen leiser zu sein als andere. Mitunter ist sogar von »Flüsterasphalt« die Rede. Was verbirgt sich dahinter?

Bei diesen Belägen handelt es sich um offenporige Asphalte, die zu einem Viertel aus Hohlräumen bestehen. Erst darunter befindet sich dann die wasserdichte Schicht, denn wie bei jeder Straße soll das Wasser nicht eindringen, sondern seitlich abfließen.

Die Hohlräume schlucken den Schall wie eine Schaumstoffdämmung. Die Wellen werden in den Hohlräumen absorbiert, wodurch ein wesentlich geringerer Anteil des Schalls reflektiert wird. Jeder kennt diesen Effekt vom Hausboden: Steinböden sind laut, Teppichböden hingegen leise.

Üblicherweise wird die Luft zwischen Reifen und Fahrbahn bei geschlossenen Straßenoberflächen für kurze Zeit eingeschlossen, verdichtet und danach wieder entspannt. Dieses

»air pumping«, wie es genannt wird, trägt zur Lautstärke des Verkehrs bei. Beim Flüsterasphalt kommt es nicht zu diesem »air pumping«. Der Autoreifen rollt leiser.

Die Beschaffenheit der Oberfläche spielt ebenfalls eine Rolle: Je rauer und unregelmäßiger sie ist, desto stärker schwingt der gesamte Reifen. Einige Fahrbahnen weisen regelmäßige Riffelungen auf, wodurch die Reifen unangenehm laut heulen. Durch die feinraue Oberfläche des Flüsterasphalts werden die Schwingungen minimiert und der Lärm noch stärker abgeschwächt.

Der Asphaltbelag heißt offiziell »lärmoptimierte Asphaltdeckschicht« und wurde seit 2006 bereits in mehr als 60 Städten und Kommunen verbaut.[23] Durch die Oberflächentextur des Belages mit »Tälern und Schluchten« wird das Reifen-Fahrbahn-Geräusch um bis zu 5 dB(A) reduziert. Bereits eine Reduzierung von 3 dB(A) entspricht einer wahrnehmbaren Halbierung der Lautstärke.

Mit der Zeit verschließen sich jedoch die Poren des Asphalts durch Schmutz und den Abrieb der Autoreifen, die Straße wird im Laufe der Zeit wieder lauter. Man arbeitet jedoch an Schmutz abhaltenden bzw. abweisenden Schichten, so dass der Schalldämpfungseffekt länger anhält.

Es gäbe natürlich noch eine ganz andere Lösung: Verzicht auf Verkehr, denn ohne Autos flüstert jeder Asphalt!

Was hat das **Fahrrad** mit einem **Vulkanausbruch** zu tun?

54 »Not macht erfinderisch«, sagt ein altes Sprichwort, so auch bei der folgenden Geschichte:

Im April 1815 brach der Vulkan Tambora auf der Insel Sumbawa im heutigen Indonesien aus. Es war ein extremer Ausbruch, bei dem etwa 150 Kubikkilometer (!) Staub, Asche und Schwefelverbindungen in die Atmosphäre gelangten. In den Folgemonaten und -jahren breitete sich diese Wolke aus, legte sich wie ein Schleier um unseren Erdball. Bedingt durch den Staub gab es weltweit spektakuläre rote Sonnenuntergänge. Manche Künstler, wie der englische Maler William Turner, wurden hierdurch inspiriert.

Der verdunkelte Himmel hatte jedoch gravierende Konsequenzen für das Weltklima. Im Nordosten der USA gab es

1816 Frost im August. In Kanada und auch in den Tälern der Schweiz fiel sogar mitten im Sommer Schnee. In vielen Teilen Europas spielte das Wetter verrückt. Die Folge der niedrigen Temperaturen und der mitunter sintflutartigen Niederschläge waren katastrophale Missernten. Menschen hungerten, und Pferde wurden aufgrund des Futtermangels geschlachtet. Doch damit fehlte ein wichtiges Transportmittel. Inmitten dieser Krise entwickelte der badische Erfinder Karl Drais ein sonderbares Gefährt, bestehend aus zwei Laufrädern und einer Lenkstange. Im Sommer 1817 unternahm er damit einige Fahrten und sorgte für Aufsehen. In Artikeln beschrieb er seine Erfindung und erhielt im Folgejahr ein großherzogliches Privileg – in der damaligen Zeit eine Art Patent. Der Vorgänger des Fahrrads, die Draisine, setzte sich durch, denn ohne Pferde waren die Menschen froh über dieses alternative Fortbewegungsmittel. Ein Vulkanausbruch hat also die Erfindung des Fahrrads beschleunigt. Not macht eben erfinderisch!

Hält das
Fliegen jung?

55 Einstein hatte es in seiner Relativitätstheorie vorausgesagt, und wir wollten es im Rahmen unserer Fernsehsendung »Quarks & Co« überprüfen: Die Zeit ist nicht absolut. Eine reisende Uhr tickt langsamer als die an einem Ort verbliebene.[24] Sowohl der Leiter des Zeitlabors der Physikalisch-Technischen Bundesanstalt als auch eine große Fluggesellschaft hatten uns für das Experiment ihre Unterstützung zugesagt.

Für den Versuch benötigten wir zwei Atomuhren. Ihre Genauigkeit ist überwältigend: In 100 000 Jahren beträgt ihre Abweichung gerade einmal eine Sekunde. Die Uhren wurden im Zeitlabor synchronisiert. Dann ging eine der beiden auf eine längere Reise, während die Zwillingsuhr im Labor verblieb. Beim anschließenden Uhrenvergleich sollte es dann, laut Einsteins Überlegungen, einen messbaren Zeitunterschied geben.

So viel zur Theorie, doch die Durchführung war für uns eine besondere Herausforderung. Die empfindliche Atomuhr befand sich in einem grauen unscheinbaren Gehäuse und musste während der gesamten Reise mit Strom versorgt werden. Als mein Kollege mit dem außergewöhnlichen Handgepäck den Zoll passiert hatte und an Bord des Flugzeugs ging, wurde er vom Kapitän persönlich erwartet. Über einen Spezialanschluss im Cockpit konnte die Uhr während des gesamten Fluges mit Strom versorgt werden. Pünktlich am Abend startete die Maschine dann Richtung Boston, USA.

Die Atomuhr lief während des gesamten Fluges weiter; nach der Landung in Boston und einer kurzen Pause ging es sofort wieder zurück Richtung Deutschland. Von Frankfurt führte dann die Reise erneut nach Braunschweig ins Zeitlabor. Bedingt durch viele Staus auf der Autobahn dauerte die Autofahrt sogar länger als der Flug über den Atlantik! Und dann kam der entscheidende Moment: Beide Atomuhren wurden verglichen. Nach Abzug aller Störeffekte lief die fliegende Uhr exakt 0,000 000 028 Sekunden langsamer als die daheimgebliebene.[25]

Einstein hatte recht: Fliegen hält jung!

Wie funktioniert die
Bordtoilette eines Flugzeugs?

56 Als die Wissenschaftler der Raumfahrtbehörde NASA einmal die Oberfläche eines Satelliten untersuchten, den sie auf die Erde zurückgeholt hatten, entdeckten sie eine Sensation: Überreste organischer Moleküle![26] War das der Beweis für anderes Leben im Kosmos? Doch dann lieferten die spektroskopischen Analysen ein ernüchterndes Ergebnis: Urinspuren! Es handelte sich um die schwerelose Hinterlassenschaft einer vorausgegangenen bemannten Mission. Glaubt man den Weltraumforschern, so ist unser Globus sogar mit einem feinen Urinfilm überzogen! Doch keine Sorge, aus Sicht der globalen Klimaforschung scheint dieser Urin-Effekt vernachlässigbar zu sein!

Vor einigen Jahren klagten einige Erdbewohner über große Eisbrocken, die selbst in der warmen Jahreszeit vom Himmel fielen. Beim Auftauen entlarvte sich die himmlische Fracht durch ihren charakteristischen Duft! Sie stammte dieses Mal nicht von Astronauten, sondern von Flugpassagieren. Die stinkenden Eisklumpen waren das Ergebnis undichter Ventile an den Sammelbehältern der Flugzeugtoiletten. In großen Höhen hatten sich aufgrund der extremen Kälte an diesen Lecks Eisklumpen gebildet, die sich dann beim Flug durch wärmere Luftschichten ablösten und zu Boden fielen. Das Urin-Eis, in der Fachwelt auch vornehm »blue ice problem«[27] genannt, beschäftigte hochkarätige Systemtechniker, Vakuumspezialisten und Verfahrensingenieure, und erst nach Monaten fanden die Experten eine Lösung![28] Inzwischen ist in modernen Passagierflugzeugen alles dicht, denn die Bordtoilette ist eine technische Wunderleistung: Das etwa 20 000 Dollar teure »stille Örtchen« einer Linienmaschine kommt dank einer Teflonbeschichtung an der Innenseite mit nur 0,2 Litern Spülwasser aus – das ist 45-mal weniger als die irdischen Vorbilder benötigen. In den Titan-Abflussrohren wird per Unterdruck der menschliche Ballast mit den Beschleunigungswerten eines Sportwagens[29] in die Sammelbehälter im Heck des Flugzeugs befördert. Oberhalb einer Flughöhe von 16 000 Fuß reicht die Druckdifferenz zwischen Außenluft und Kabine aus, doch in geringeren Flughöhen erzeugen spezielle Vakuumpumpen den nötigen Sog. Keine Angst: Am Toilettensitz festgesaugte Passagiere gab und gibt es nicht!

Nur in einem Punkt ist mir die Sache immer noch zu einseitig. Jede Weltkultur verrichtet ihre Geschäfte bekanntlich auf ihre ganz eigene Art: im Stehen, im Sitzen, im Hocken, mit Papier oder mit Wasser ... Bei zukünftigen Großraumjets soll diese »Vielfalt« angeblich berücksichtigt werden. Dort plant man sogar Urinale und Bidets, doch bis dahin heißt es immer noch – Hinsetzen!

Kann man ein Ei auf der Motorhaube braten?

57 Im Sommer drehen die Medien völlig durch. Politiker sind im Urlaub, große Unternehmen haben Betriebsferien, und die Stars sind an unbekannten Orten untergetaucht. Die daheimgebliebenen Journalisten stehen plötzlich vor der Herausforderung, ihre Blätter und Sendeplätze mit irgendetwas zu füllen, doch es fehlt an allen Ecken und Enden an »Stoff«. Manchmal stoßen die hungrigen Blattmacher dann doch auf eine kleine Ungereimtheit, die mit großer Dankbarkeit unter allen Gesichtspunkten ausgeschlachtet wird. »Dienstwagenaffären«, »Urlaubsbekanntschaften« von hochrangigen Persönlichkeiten oder Dorfschlägereien kochen zum Skandal hoch, und man mag sich fragen, ob dasselbe Thema in der kalten Jahreszeit überhaupt journalistische Aufmerksamkeit genießen würde.

In solchen Sommerlöchern bekomme ich zahlreiche Anrufe mit der Bitte um ein Statement oder um ein kurzes Interview. Einmal will man wissen, was man gegen Hitze tun kann, ein anderes Mal wird gefragt, ob die Wärme ein Vorbote des Klimawandels sei, oder eine ernste Radiostimme erkundigt sich, ob mit der Sonne noch alles in Ordnung sei, denn sie habe von Sonnenflecken gehört ...

Wenn es draußen so richtig warm ist, dann kommt garantiert auch die Standardfrage: »Kann man ein Ei auf der Motorhaube braten?«

Inzwischen fühle ich mich als Motorhaubeneierbratenfachmann, denn ich habe meine Kenntnisse auf dutzenden Sendern erläutert und irgendwie habe ich den Eindruck, dass jedes Jahr mehr Sender hinzukommen. Ich könnte natürlich abwiegeln, doch die Frage hat den besonderen Charme, dass man die Erklärung des feinen Unterschieds zwischen Temperatur und Wärme gleich mitliefern kann.

Des Weiteren muss ich gestehen, dass ich es auch schon einmal selbst ausprobiert habe: In der ägyptischen Gluthitze musste die Haube eines Leihwagens daran glauben. Das dunkle Gefährt stand in der prallen Mittagssonne, und die Temperatur des Blechs lag ohne Zweifel über 100 °C. Ei aufschlagen und abwarten ...

Ich versichere Ihnen, das Ergebnis ist enttäuschend: Kein Brutzeln und Zischen, und selbst nach einer längeren Wartezeit war das Eiweiß immer noch durchsichtig. Nach einer Stunde begann das schwabbelige Gebilde auszutrocknen, doch mit einem gebratenen Spiegelei hatte es nichts gemeinsam. Der Grund für den Misserfolg ist leicht erklärt: Das Ei benötigt eine Menge Energie, um fest zu werden. An anderer Stelle in diesem Buch habe ich die dafür nötige Energie angegeben (siehe Kapitel 13: Warum ist es so schwer, ein perfektes Ei zu kochen?).

Das Autoblech ist zwar sehr heiß, doch sobald das Ei darauf landet, kühlt sich das Blech an der bedeckten Stelle schnell ab. Der dünne Stahl vermag nur sehr wenig Wärme zu speichern, daher reicht die im Blech vorhandene Energie nicht aus, um das Ei auf Temperatur zu halten. Diese geringe Speicherkapazität ist auch der Grund, warum Autos, die tagsüber in der Sonne standen, in der Nacht schnell wieder abkühlen.

Jeder Koch weiß, dass ein Ei selbst in einer heißen Pfanne nicht gar wird, wenn man die Pfanne vom Herd nimmt. Es braucht nämlich wesentlich mehr Wärme, um das Eiweiß zu verfestigen, als in der heißen Pfanne gespeichert ist, denn beim Braten muss ständig Energie nachfließen. Theoretisch könnte der Rest der Motorhaube diese fehlende Wärme bereitstellen, doch Stahl ist ein schlechter Wärmeleiter: Wenn man zum Beispiel eine Grillzange aus Stahl an einem Ende erhitzt, kann man das andere Ende immer noch anfassen, ohne sich die Finger zu verbrennen. Das Material Stahl ist also keinesfalls dafür geeignet, ausreichend Energie von der restlichen Motorhaube zur Bratstelle zu leiten. Auch Steine speichern nur wenig Wärme und sind schlechte Wärmeleiter. Wenn Sie das Bratexperiment auf einem heißen Stein oder auf Asphalt wiederholen, erleben Sie also ebenfalls eine Enttäuschung.

Dennoch sehe ich eine Lösung: eine Motorhaube aus schwarz eloxiertem Kupfer. Dieses Material wäre ideal, und theoretisch müsste es damit auch klappen. Immerhin verwenden moderne Solarkollektoren Kupferlamellen zur Wärmeübertragung. Wenn mir an einem Sonnentag ein solches Gefährt begegnen sollte, werde ich es ausprobieren. Wenn das funktioniert, wäre dies eine »Sensation« für das kommende Sommerloch, und ich könnte endlich verkünden: Und es brät doch!

Wie funktioniert
eine Fata Morgana?

58 Sonderbare Luftspiegelungen auf der Straße von Messina wurden, so die Überlieferung, von den Italienern der Fee (fata) Morgana zugeschrieben. Das Phänomen, das Wüstenwanderer in die Irre leitet, wird in der Seefahrt auch »Fliegender Holländer« genannt. Hinter jedem dieser Klärungsversuche verbirgt sich eine Welt der Magie und Mythen, doch der Effekt hat nichts mit Hexen und Geistern zu tun, sondern beruht auf einem physikalischen Phänomen:

Es handelt sich um eine Luftspiegelung, die man besonders an heißen Tagen beobachten kann. Wenn wir ein Objekt sehen, treffen die Lichtstrahlen von diesem Objekt auf unsere Augen. Da Lichtstrahlen in unserer Vorstellung immer geradlinig verlaufen, wähnen wir das entsprechende Objekt auch genau dort, wo wir es sehen, doch das muss nicht so sein. Lichtstrahlen verändern durchaus ihre Richtung, zum Beispiel wenn sie gebrochen werden. Sie kennen das Phänomen vom Wasser:

Wenn Sie einen geraden Stock in ein Aquarium tauchen, scheint er plötzlich einen Knick zu haben. Das liegt daran, dass das Licht beim Übergang von der Luft zum Wasser gebrochen wird und somit seine Richtung ändert. Wichtig ist dabei: Der Stock befindet sich tatsächlich an einer anderen Stelle als der, an der Sie ihn mit Ihren Augen vermuten. Durch die Brechung des Lichts sehen wir also Dinge an Stellen, wo sie eigentlich nicht sind.

Diese Lichtbrechung kann auch dann erfolgen, wenn Luft-
massen unterschiedlich dicht sind. Die Lichtstrahlen werden
dann innerhalb der Luft gebrochen, und zwar kontinuierlich.
Der resultierende Strahlenverlauf ist gebogen!

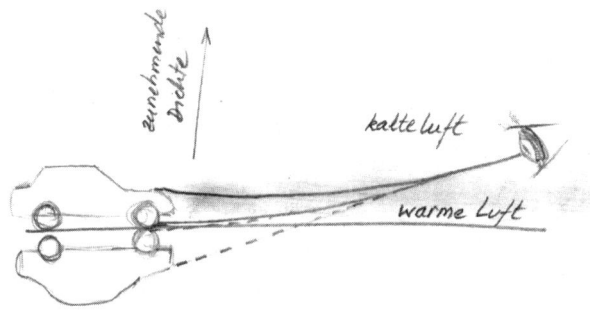

An heißen Sommertagen passiert genau das: Die Luft über
der Straße heizt sich auf, die darüberliegenden Luftschichten
sind kühler. Durch die starke Schwankung in der Luftdichte
verlaufen die Lichtstrahlen gekrümmt und treffen auf unsere
Augen. Da wir jedoch immer annehmen, dass Lichtstrahlen
gerade sind, sehen wir plötzlich ein Geisterauto, das scheinbar gespiegelt ist, sich aber an einem anderen Ort befindet.
Manchmal ist die Straße sogar so heiß, dass die Lichtstrahlen
derart gekrümmt werden, dass die Straße zum Spiegel wird:
Wir sehen den Himmel, und es scheint, als wäre die Straße
nass. Sobald man sich nähert, ändert sich der Blickwinkel,
und das Phänomen der Luftspiegelung löst sich auf. Durch
die Krümmung der Lichtstrahlen, die bei unterschiedlich
heißen Luftschichtungen entstehen kann, können wir sogar
Objekte sehen, die sich hinter dem Horizont befinden. Auf
dem Meer erscheinen plötzlich ferne Geisterschiffe, und in
Wüsten wähnt man in der Weite eine wasserreiche Oase.
Und woran liegt es? An der krummen Tour des Lichts!

Was hat Politik mit Kuscheltieren zu tun?

Auf den Punkt gebracht: Woher die Wörter kommen

Was hat **Politik mit Kuscheltieren** zu tun?

»I don't think my name is likely to be worth much in the toy bear business, but you are welcome to use it.«
Theodore (Teddy) Roosevelt, 1903

59 Im Wahlkampf wird ja kein Thema von der Politik verschont. Können Sie sich vorstellen, dass selbst Kuscheltiere davon betroffen sind?

Mein Teddy war als Kind mein Ein und Alles; Vertrauter, Tröster, Spielkamerad und Beschützer. Der Name »Teddy« hat übrigens einen ungewöhnlichen Ursprung:

Die Geschichte beginnt Anfang des 20. Jahrhunderts in den USA: 1902, so heißt es, reiste der damalige US-Präsident Theodore Roosevelt in den Bundesstaat Mississippi, um einen Grenzstreit mit dem Nachbarstaat Louisiana zu schlichten. Die Gastgeber wollten dem Präsidenten, der ein passionierter Jäger war, einen Gefallen tun und organisierten eine Bärenjagd. Offensichtlich war die Ausbeute spärlich, und so fing man einen kleinen Bären und band ihn fest. Dem Präsidenten wurde die Ehre zuteil, das verschreckte Tier zu erlegen, doch Mr President lehnte ab.

In der Washington Post vom 16. November 1902 erschien daraufhin eine Karikatur. Sie zeigte, wie der Jäger Roosevelt den kleinen Bären verschonte.

Inspiriert durch diese Zeichnung produzierte der New Yorker

Süßwarenhändler Morris Michtom einen kleinen Stoffbären, den er ins Schaufenster seines Geschäfts in Brooklyn stellte. Bären galten damals als gefährliche Raubtiere, doch dieser kleine Bär eroberte die Herzen. Man nannte ihn »Teddy-Bär« nach Teddy Roosevelt, und der Präsident höchstpersönlich stimmte dieser Namensgebung zu.

Der Bärenboom erfasste zeitgleich auch Europa: Richard Steiff, der Neffe der bekannten Firmeninhaberin Margarete Steiff, entwarf einen kleinen beweglichen Stoffbären mit der Bezeichnung 55 PB – 55 Zentimeter lang, aus Plüsch und beweglich. Auf der Leipziger Spielwarenmesse 1903 orderte ein amerikanischer Unternehmer 3000 Stoffbären aus Deutschland, und ein Jahr später auf der Weltausstellung in St. Louis bestellte man beim Unternehmen Steiff 12 000 Stück. Überall wurden sie »Teddy« genannt, das ist bis heute so. Roosevelt nutzte den Teddybären sogar bei seinen späteren Wahlkämpfen als Maskottchen.

Der Name ist geblieben: »Teddy« – weil ein Präsident nicht schießen wollte! Statt »Yes we can!« hieß es wohl damals: »No I can't!«

Woher stammt der Begriff
»Vogel-Strauß-Politik«?

60 Immer wieder hört man den Ausdruck »Vogel-Strauß-Politik«. Oft wird er auch mit der Formulierung »den Kopf in den Sand stecken« umschrieben. Gemeint ist Ignoranz: Wer seinen Kopf in den Sand steckt, erkennt nicht die drohende Gefahr oder *will* sie nicht sehen. Doch ist der Strauß wirklich so dumm?

Das Bild wurde geprägt von Plinius dem Älteren, einem der bedeutendsten römischen Gelehrten der Antike. Plinius wurde bekannt durch sein naturwissenschaftliches Werk. In 37 Bänden fasste er das naturkundliche Wissen seiner Zeit zusammen. Sein zehnter Band handelt von Vögeln, und gleich im ersten Kapitel ist von den Straußen die Rede:

»[...] Das dümmste Tier unter allen sind sie. So groß sie doch sind, wenn sie ihren Kopf und Hals in einem Busch oder Strauch verstecken, glauben sie, sie seien sicher, und dass kein Mann sie sehen kann.«[30]

Der Straußenvogel – ein dummer Feigling! Die Legende war geboren.

Doch niemand hat je dieses Verhalten beim größten aller Vögel wirklich beobachtet – im Gegenteil: Bei Gefahr flüchtet der Strauß und erreicht dabei für längere Zeit Tempo 50. Er traktiert Angreifer zur Not auch mit seinen kräftigen Beinen und dem Schnabel. Zwar gräbt er Erdsenken, um darin seine

Eier abzulegen, und beim Picken sieht es aus der Ferne vielleicht so aus, doch der Strauß steckt niemals seinen Kopf in den Sand.

Plinius irrte, doch das Vorurteil blieb bestehen. Ignoranz und Feigheit gibt es immer noch – mit dem Strauß hat das jedoch nichts zu tun!

Woher stammt der
Begriff »SPAM«?

61 Heute schon Ihre E-Mails gelesen? Wahrscheinlich war da wieder jede Menge unerwünschte Post dabei: Werbesendungen, Verkaufsangebote oder gefährliche Liebesbriefe aus fremden Ländern. SPAM werden diese E-Mails auch genannt. Doch woher stammt der sonderbare Begriff?

SPAM war ursprünglich der Markenname für ein amerikanisches Dosenfleisch. Der Produktname leitet sich aus »spiced ham« ab, was wörtlich »gewürzter Schinken« bedeutet. Der große Vorteil des Dosenfleischs: Es ist ungekühlt sehr lange haltbar.

Weltweit bekannt wurde SPAM im Zweiten Weltkrieg. Seit 1941 trug jeder US-Soldat eine Dose in seiner Ein-Mann-Ration mit sich, und zeitweise war SPAM nach dem Krieg sogar das einzige Fleisch, das man kaufen konnte.

Auf die Spitze trieb es die britische Comedy-Serie »Monty Python's Flying Circus«: In einer Restaurantszene gibt es auf der Speisekarte alles mit SPAM: Rührei mit SPAM, SPAM mit Spiegelei und SPAM mit SPAM ...

SPAM wurde gleichbedeutend mit »massenhaft vorhanden«, und so übernahm man es im Internetzeitalter. Seit August 1998 steht das Wort im New Oxford Dictionary als eigenständiger Begriff für Werbemüll per E-Mail. SPAM-E-Mails sind ein wachsendes Problem. Das Aussortieren, Löschen und auch der Schutz mit SPAM-Filtern kosten unnötig Zeit und

Geld. Schon heute schätzt man den weltweiten Schaden auf über 25 Milliarden Dollar!

Übrigens: Unter www.spam.com gelangen Sie auf die Internetseite des Dosenfleischherstellers, und dort kann man lesen, dass die Firma eines sehr klar verspricht: Sie würde niemals SPAM versenden!

Was bedeutet
»Google«?

62 Zeiten des Fortschritts sind auch stets Zeiten besonderer Wortschöpfungen. Manchmal versteckt sich hinter dem neuen Wort eine Abkürzung. So ist der Begriff »Laser« ein Akronym für *light amplification by stimulated emission of radiation* (dt. = Lichtverstärkung durch stimulierte Emission von Strahlung), und AIDS beschreibt das *acquired immune deficiency syndrome* (dt. = erworbenes Immunschwächesyndrom).

Doch manchmal gibt es auch buchstäbliche Wortschöpfungen: Das »Handy« ist nicht, wie man meinen könnte, der englische Begriff für ein Mobiltelefon, sondern ein modernes Wortkonstrukt aus Deutschland. Selbst Markenprodukte wie Coca-Cola oder Tempo bereichern unseren Wortschatz, und auch bei Aspirin vergisst man leicht, dass es sich um den Markennamen einer Schmerztablette auf der Basis von Acetylsalicylsäure handelt. Über Nacht bilden sich im Eifer des Fortschritts neue Begriffe. Sie schleichen sich durch die Hintertüren des Alltagsgebrauchs in unsere Sprache, bis sie eines Tages von seriösen Kommissionen in den offiziellen Sprachschatz aufgenommen werden. Besonders an einem Begriff der Neuzeit kann man die ganze Tragweite einer Wortschöpfung erkennen: Google.[31]

In Windeseile hat die Suchmaschine »Google« das Internet erobert, und inzwischen suchen die Kids nicht mehr, sie »googeln«. Die Erfolgsstory begann Mitte der Neunzigerjahre[32] an der kalifornischen Stanford Universität. Damals experimentierten die Studenten Larry Page, Sergey Brin und möglicherweise noch weitere Unbekannte an einem Algorithmus, mit dem sie die Links der Internetadressen »von hinten« auslesen konnten. Der ursprüngliche Name des Suchprogramms lautete »BackRub«. 1997 suchte Larry nach möglichen Namen für die rasant wachsende Suchmaschinentechnologie. Sein Mitarbeiter Sean Anderson schlug das Wort »googolplex« vor, da es irgendwie nach der komplexen Indexierung gigantischer Datenbestände klang, und spontan erwiderte Larry die Kurzversion »Googol« (Googol ist die Bezeichnung für die Zahl 10^{100}, also ausgeschrieben eine 1 mit hundert Nullen!). Sean saß vor einem Computer und prüfte, ob der entsprechende Name im Internet schon vergeben war. Dabei, so die Geschichte, hat er sich wohl verschrieben und tippte »Google« statt »Googol« ein. Die Domain war noch zu haben, und niemand stieß sich an der abweichenden Rechtschreibung. Am 15. September 1997 wurde die Domain »google.com« dann offiziell registriert.

Der Rest ist Geschichte: Google wurde zu einem Weltkonzern und zeitweise zur teuersten Marke der Welt! Zumindest bislang (vielleicht liest jemand dieses Buch ja in zwanzig Jahren, wenn alles anders sein könnte) ist Google der unbestrittene Marktführer aller Internet-Suchmaschinen. »Googeln« ist inzwischen gleichbedeutend mit »im Internet suchen« – in der 2004 veröffentlichten 23. Auflage des Duden wurde das Wort erstmals aufgenommen. Zur Bedeutung hieß es: »Im Internet, besonders in Google suchen«. Doch dann wachten die Juristen des Internetriesen auf. Sollte sich das Wort durchsetzen und womöglich zum Gattungsbegriff für jede Recherche auch mit anderen Suchmaschinen werden, wäre der Markenschutz in Gefahr. Den Mächtigen gehört das Recht, und vor einer drohenden Klage hatten die Nestoren der Sprache wohl

Angst. Offiziell »bat« Google die Journalisten und Wörter-
buchredaktionen, den Begriff »genauer« zu definieren, um
somit dem drohenden Verlust des Markenschutzes vorzubeugen. In der folgenden 24. Auflage des Duden heißt es daher
unter »googeln«: »Mit Google im Internet suchen«. Und so
prägt eben auch das große Geld unsere Sprache.

Was bedeutet
Schuhgröße 42?

63 Wie individuell unsere Füße sind, wussten schon die Gebrüder Grimm, sonst hätte der Prinz sein Aschenputtel nicht wiedergefunden.

Auch Schuhekaufen ist eine komplizierte Angelegenheit. Es beginnt schon bei diesen seltsamen Größenangaben: Wenn Sie zum Beispiel Schuhgröße 42 haben und nachmessen, werden Sie feststellen: Ihr Fuß ist nicht 42 Zentimeter lang. Was also bedeutet Schuhgröße 42?

Früher ging man zum Schuster, wenn man ein Paar neue Schuhe brauchte, und die wurden dann auf Maß gefertigt. Der Schuster stellte dafür eine Passform des Fußes her, den Leisten; mit diesem Modell konnte er dann einen gut sitzenden Schuh nähen. Doch die handgefertigten Schuhe waren teuer. Mit der Industrialisierung gab es neue Nähmaschinen, und damit begann die Massenfertigung günstiger Schuhe.

Von Beginn an gab es ein wildes Durcheinander der Maßeinheiten. Manche vertrauten dabei auf die Nahtstichlänge. Daraus entwickelte sich dann der sogenannte Pariser oder französische Stich: Ein Pariser Stich entspricht 2/3 Zentimetern, und daraus ergibt sich dann die Leistenlänge. Konkret: Größe 42 / (2/3) = 28 Zentimeter Leistenlänge. Die Leistenlänge ist immer etwa ein bis zwei Zentimeter länger als der eigentliche Fuß. Größe 42 entspricht also einer Fußlänge von etwa 27 Zentimetern.

Engländer und Amerikaner nutzen – wie könnte es auch anders sein? – eigene Maße, die man per Tabelle umwandeln kann.

Wenn die Fußlänge bekannt ist, könnte man also die entsprechende Schuhgröße ermitteln, doch es gibt da noch ein Problem: Jeder Fuß ist anders. Er kann lang oder kurz, schmal oder breit sein. Jeder Schuhhersteller nutzt dabei sein eigenes System, und so fallen die Schuhe von Marke zu Marke mal breiter und mal schmaler aus.

Als Erwachsener spürt man das, weil es zwickt, doch mit kleinen Kindern ist der Schuhkauf schwieriger.[33] In Österreich hat man dies in einer Studie überprüft: Kleine Kinder können die Passform von Schuhen nicht klar definieren, selbst viel zu kurze Schuhe werden von den Kids als »passend« bezeichnet. Oft besteht sogar das Problem, dass die Innenmaße des Schuhs nicht genau mit der angegebenen Größe übereinstimmen. Bei einer Untersuchung mit 800 Kindern stellte man fest, dass nur rund drei Prozent (!) der Schuhe die korrekte Innenlänge hatten. Die meisten Kinderschuhe sind zu kurz.[34] Da es in Europa keine verpflichtende Norm gibt, änderte sich daran bislang wenig. Gerade Kinderfüße wachsen jedoch besonders schnell; bei Drei- bis Sechsjährigen immerhin etwa einen Millimeter im Monat. Daher sollte man bewusst den neuen Kinderschuh sogar etwa zwölf Millimeter länger auswählen, um Platz zum Wachsen zu lassen.

Selbst im Laufe eines Tages vergrößern sich unsere Füße. Bei uns Erwachsenen um einige Millimeter in der Länge und etwa einen Zentimeter in der Breite. Schuhe sollte man also am besten nachmittags kaufen – ob die Gebrüder Grimm das auch schon wussten?

Was ist der Unterschied zwischen einem **See** und einem **Meer?**

64 Die Ostsee ist ein Meer, und das Tote Meer ist eigentlich ein See!

Unsere Sprache ist manchmal verwirrend: Kennen Sie den genauen Unterschied zwischen See und Meer?

In beiden Fällen handelt es sich um große Gewässer. Wasser bedeckt immerhin 71 Prozent unseres Planeten, und aus bestimmten Perspektiven, zum Beispiel beim direkten Blick auf den Pazifik, erscheint unsere Erde als blauer Wasserball.

Zum Unterschied zwischen Meer und See mag der eine oder andere die These aufstellen: Ein See ist klein, und Meere sind groß. Doch es gibt Beispiele, welche diese These widerlegen: Das Marmarameer in der Türkei zum Beispiel besitzt eine Fläche von knapp 12000 Quadratkilometern. Der Viktoriasee, der Baikalsee oder der Lake Michigan sind jedoch erheblich größer. Die Größe ist also nicht ausschlaggebend.

These Nummer zwei: Meere sind tiefer als Seen. Auch hier gibt es Gegenbeispiele, denn Seen wie zum Beispiel der Baikalsee sind an manchen Stellen 1600 Meter tief. Die Ostsee hingegen ist maximal 460 Meter tief und gilt trotz ihres Namens als Meer.

These Nummer drei: Meere sind salzig, und Seen sind süß. In der Tat ist der Salzgehalt der großen Meere beachtlich: Würde das Wasser verdampfen, wären die Ozeanböden mit einer 50 Meter hohen Salzkruste bedeckt, doch es gibt auch Salzseen. Der Salzgehalt des Großen Salzsees in den USA übersteigt den der Meere bei weitem. Mit 27 Prozent ist das Wasser dort so salzig, dass kaum Fische darin schwimmen. Der Salzgehalt macht also auch nicht den entscheidenden Unterschied zwischen See und Meer aus. Dieser geht vielmehr auf ein »Austauschphänomen« zurück. Alle Meere stehen nämlich miteinander in Verbindung. Mit einem Schiff könnte man also von jedem Meer zum anderen reisen. Seen hingegen sind abgeschlossene Binnengewässer, die nur über Wolken und Regen mit den Weltmeeren in Verbindung stehen. Von einem echten See kann man also nicht per Schiff auf das offene Meer fahren.

Streng betrachtet ist daher zum Beispiel das Kaspische Meer ein See, denn es gibt keine Verbindung zu den Ozeanen. Es handelt sich um den verbleibenden Rest eines einst großen Meeres, Tethys genannt, welches vor mehr als 100 Millionen Jahren unseren Planeten bedeckte. Durch die Wanderung der Kontinente wurde das Kaspische Meer abgenabelt und streng genommen zu einem Kaspischen See. Auch das Tote Meer ist per definitionem ein See, Nord- und Ostsee sind hingegen Meere. Die Namensgebung ist verwirrend, doch man kann es sich leicht merken: Meere stehen in Kontakt miteinander, Seen hingegen sind Einzelgänger.

Wann verlieren Worte ihren Sinn?

65 Der Orkan Kyrill fegte über unser Land. Mit 180 »Stundenkilometern« verwüstete er Vorgärten, entwurzelte Bäume und legte den Zugverkehr lahm. Am folgenden Tag begannen die Aufräumarbeiten.

Als sich das Wetter beruhigt hatte, entlud sich in manchen Zeitungsredaktionen ein weiterer Sturm: Dieses Mal verlief die Wetterfront zwischen Alltagssprache und wissenschaftlicher Korrektheit: Das viel zitierte Wort »Stundenkilometer« irritierte aufmerksame Leser. Sie beschwerten sich beim Chefredakteur: Falsch sei dieses Wort, ein Ausdruck der Ignoranz, denn in der Wissenschaft gebe es keine solche Maßeinheit. »Stundenkilometer« bedeute: Stunden mal Kilometer! Ein Leser meinte sogar verärgert: »... 180 *Stundenkilometer,* das ist kein Sturm, sondern allenfalls ein Altweiberfurz!« Das Feilschen um die korrekte Wortwahl erinnerte an die jahrelange nationale Diskussion um die Reform der deutschen Rechtschreibung.

Mitunter leidet die Physikerseele: Alle Mühen von Galilei, Newton und Einstein, die endlosen Diskurse über Trägheit und Schwerkraft, die unzähligen Abhandlungen und Experimente erscheinen sinnlos – die meisten von uns wissen nicht um den fundamentalen Unterschied zwischen Gewicht und Masse!

Wenn wir zum Beispiel auf einer Waage stehen, messen wir die Gewichtskraft, welche durch die Erdanziehung entsteht.

Da die Anziehungskraft zum Beispiel auf dem Mond schwächer ist, würde sich auch unser Gewicht dort verringern. (Meine Frau kommentierte diese Überlegung mit den Worten: »Wenn das so ist, dann wandere ich auf den Mond aus ... !«) Korrekt wäre daher, unser Gewicht in der Krafteinheit Newton anzugeben. Unsere Masse bleibt hingegen gleich und wird in Kilogramm angegeben. Doch wehe, ich spreche bei meiner Frau von »Masse«!

In unserer Alltagssprache verbirgt sich ein Sammelsurium falscher Wissenschaftsbegriffe: Da ist von der »Atomkraft« die Rede, wenn doch korrekterweise die »Kernkraft« gemeint ist. Und wenn Politiker von einem »Quantensprung« sprechen, weiß der Spezialist, dass Quantensprünge eigentlich winzig klein sind. Da werden von Autobauern einfache Wahrheiten mit Wortschöpfungen wie »Schadstofffreiheit« vernebelt. Autos produzieren immer Schadstoffe, daher ist auch keines von ihnen wirklich freundlich zur Umwelt.

Immer häufiger verändern Wörter ihre Bedeutung, werden Sachverhalte umbenannt: Was noch vor Jahren zu Recht »Kriegsministerium« hieß, wird nun »Verteidigungsministerium« genannt, und die Armeen der Welt engagieren sich in »Friedensmissionen«. Sonderangebote locken mit »Gratisverträgen«, wobei nur das Kleingedruckte verrät, wie teuer der »Nulltarif« tatsächlich ist. Fastfoodketten werben mit kalorienarmer Nahrung – doch wo bleibt der Protest?

Selbst den strengen wissenschaftlichen Maßeinheiten kann man nicht mehr trauen:

Im Jahr 1986 stellte man die offizielle Einheit der radioaktiven Äquivalentdosis von Rem auf Sievert um. Eine Röntgenaufnahme führte zuvor zu einer Strahlenbelastung von zehn Millirem, heute sind es 0,1 Millisievert! Die Dosis bleibt zwar gleich, doch die Gefahr der Radioaktivität wirkt gleich viel geringer.

Aber wenigstens gibt es einige Pedanten, die aufschreien, wenn von »Stundenkilometern« die Rede ist!

Als Orkan Kyrill die Titelseiten verlassen hatte, beantwortete der Chefredakteur die Leserbriefe und verwies auf den Duden, der das Wort »Stundenkilometer« zulasse. Er endete sein Schreiben mit einem Zitat von Friedrich Nietzsche:

»Die stillsten Worte sind es, welche den Sturm bringen ...«[35]

Sollte man bei kleinen Wunden ein Pflaster benutzen?

Was in uns vorgeht: Körper & Geist

Sollte man **bei kleinen Wunden** ein Pflaster benutzen?

66 »Auaaaaaah … Mamaaaaa …!« Selbst kleinste Verletzungen führen bei manchen Kindern zu dramatischen Heulattacken. Als unser Opa eines Tages seinen schreienden Enkel trösten wollte, meinte er liebevoll: »Indianer weinen nicht, denn Indianer kennen doch keinen Schmerz!« Das Kind schluchzte zurück: »Kleine Indianer schon!«

Bei unseren Kindern half oft ein einfaches Rezept: Pflaster drauf. Das Weinen legte sich, und ein paar Stunden später wurde das Pflaster voller Stolz präsentiert.

Doch was meinen Sie, wie heilt es schneller? Wenn man die Wunde an der Luft trocknen lässt oder wenn man ein Pflaster draufklebt? Jede Wunde ist eine offene Stelle in unserem Körper. Keime und Mikroben können leicht eindringen. Zunächst sollte man die Wunde also gründlich reinigen.

Unser Körper beginnt sofort mit einer Schutzmaßnahme: Als Erstes wird die Blutung gestoppt. Wundsekret, die darin enthaltenen Blutplättchen und weißen Blutkörperchen wandern in den aufgerissenen Hautspalt und verklumpen zu einer Art Pfropf. Der Körper sorgt damit für einen natürlichen Verschluss.

Ein Heftpflaster unterstützt die Heilung, denn es verhindert, dass die dünne Kruste zum Beispiel an der Kleidung reibt und wieder aufreißt. Von außen können daher keine Keime mehr eindringen.

Ohne Pflaster würde die Wunde schneller austrocknen und

damit auch das heilende Wundsekret. Spezielle Pflaster sorgen daher dafür, dass die Wunde länger feucht bleibt und sich so besser neue Haut bilden kann.

Die weißen Blutkörperchen und sogenannte Fresszellen räumen zunächst gründlich auf. Sie sammeln geschädigte und tote Zellen ein und zersetzen sie.

Granulat füllt die Wunde vom Rand und von unten her auf. Bindegewebe verschließt den Spalt. Neue Hautzellen lagern sich an der Oberfläche darüber. Wenn die Wundränder sauber zusammenwachsen und nur die obersten Hautschichten verletzt wurden, bleibt im besten Fall nicht einmal eine Narbe zurück.

Die Selbstheilung unseres Körpers ist hervorragend, denn sonst wären wir von all den kleinen Verletzungen aus der Vergangenheit mit unzähligen Narben übersät. Doch selbst bei kleinen Wunden sollte man ein Pflaster benutzen, sowohl bei großen als auch bei kleinen Indianern ...

Wie kommt es zur
Schlaftrunkenheit?

67 Die beginnende Urlaubszeit bedeutet für viele von uns Stress. Nach einem Arbeitstag noch schnell packen – und dann ab mit dem Auto in den fernen Urlaubsort. Oft genug wird nachts durchgefahren – ein Risiko, das extrem unterschätzt wird. Ich habe selbst getestet, wie mein Körper auf Schlafentzug reagiert.

Unter ärztlicher Aufsicht und mit tatkräftiger Unterstützung von Kollegen, die einander damit abwechselten, mich wachzuhalten, mühte ich mich 48 Stunden ohne Schlaf auszukommen. Der Versuch wurde gefilmt: Um nicht einzuschlafen, besuchte ich mitten in der Nacht eine Bäckerei, melkte in den frühen Morgenstunden Kühe und blickte mit einem befreundeten Astronomen in die Sterne. Schon nach der ersten Nacht meldete sich mein natürliches Bedürfnis nach Schlaf. Während der gesamten Zeit absolvierte ich immer wieder verschiedene Tests, die meine Reaktionsfähigkeit und meine Aufnahmebereitschaft prüften. Besonders anstrengend war für mich ein Wachsamkeitstest: Hierbei musste ich einen Apparat beobachten, der einer Uhr ähnelte.[36] Der Zeiger des Gerätes sprang jede Sekunde um ein paar Millimeter im Uhrzeigersinn weiter, doch sobald der Zeiger einen Doppelsprung machte, musste ich eine Taste drücken. Der monotone Test dauerte fast eine halbe Stunde (!) und prüfte, wie man auf ein unerwartetes Ereignis reagiert.

Je länger die Phase ohne Schlaf andauerte, desto schlechter

wurden meine Werte. Für mich wurde es am zweiten Tag immer anstrengender, wach zu bleiben, denn sobald sich Monotonie einschlich, wurden meine Augen schwer. Zum Glück war der Schlafforscher Professor Jürgen Zulley aus Regensburg angereist, und unsere anregenden Gespräche mobilisierten meine letzten Reserven. Am Ende des Versuchs, nach mehr als 48 Stunden ohne Schlaf, absolvierte ich dann auf einem Trainingsgelände einen Fahrtest unter kontrollierten Bedingungen. Zur Sicherheit wurde ich während meiner Testfahrt von einem erfahrenen Fahrtrainer begleitet.

Auf der Strecke gab es eine Reihe von Überraschungen, doch mein fulminantes Schlafdefizit hatte gefährliche Konsequenzen: Ich reagierte nicht nur langsamer, auch Geschwindigkeiten, zurückgelegte Strecken und Entfernungen zu Hindernissen wurden von mir falsch eingeschätzt.

Übermüdung wirkt sich ähnlich auf die Fahrtüchtigkeit aus wie der Konsum von Alkohol. Bereits nach 17 Stunden ohne Schlaf reagiert man genauso verlangsamt wie mit einem Blutalkoholspiegel von 0,5 Promille; nach 24 Stunden ohne Schlaf entsprechen die Reaktionen denen eines Fahrers mit 1 Promille Alkohol im Blut. Nach meinen zwei Tagen ohne Schlaf verhielt ich mich also so, als hätte ich zehn Gläser Rotwein getrunken!

Das Ergebnis meines Experiments war überzeugend – ich kann nicht begreifen, warum zum Beispiel Ärzte in Krankenhäusern zu überlangen Schichten eingeteilt werden. Allein ein Viertel aller Autobahnunfälle gehen auf übermüdete Fahrer zurück.

Ich habe jedenfalls eines in aller Deutlichkeit gelernt: Wer müde ist, lässt besser das Fahren!

Warum bekommen wir alle dieselbe Medizin?

68 Das Menschenbild unserer Medizin ist schon seltsam. Ich meine damit nicht die offensichtliche Ungerechtigkeit bei der Behandlung von armen und reichen Patienten, und auch nicht die fragwürdige Eigendynamik unseres Gesundheitssystems. Blicken Sie auf den Beipackzettel eines Medikaments, und Sie werden verstehen, worum es mir geht: Ob Kopfschmerztablette, Abführmittel oder Tropfen gegen den Bluthochdruck: Der Beipackzettel unterscheidet in der Regel lediglich zwischen Kindern und Erwachsenen, mehr nicht. Für die Pillendreher sind wir Menschen anscheinend alle gleich: Ich kenne nur wenige Präparate, die zumindest den Unterschied zwischen Mann und Frau berücksichtigen. Doch jeder von uns ist einzigartig – oder? Sie unterscheiden sich von jedem anderen, und das nicht nur äußerlich. Ihre Gene sind einzigartig, auch Ihr Stoffwechsel besitzt viele Eigenarten: Daher vertragen Sie bestimmte Lebensmittel, die Ihrem Nachbarn womöglich aufstoßen. Ihr Blut hat eine sehr individuelle Zusammensetzung, und jedes Ihrer Organe gibt es so nur einmal auf diesem Planeten.

Wären alle Menschen gleich, würden wir uns alle für dasselbe Lieblingsgericht entscheiden, würden zum selben Zeitpunkt unseres Lebens an denselben Erkrankungen leiden und hätten gemeinsam Rückenschmerzen oder kollektive Hustenanfälle. Wir wären identische biologische Automaten, die sich unentwegt gleich verhalten und auf die gleiche Weise auf externe Reize reagieren würden. Sportliche Wettbewerbe wären überflüssig, da jeder von uns doch körperlich gleich schnell laufen, gleich hoch und gleich weit springen würde. Sie werden mir zustimmen, dass unsere Wirklichkeit glücklicherweise anders aussieht. Jeder von uns ist ein Individuum, besitzt seine einzigartigen Gene, unterscheidet sich im Stoffwechsel und in den Reaktionen seines Immunsystems von den anderen. Die Unterschiede zeigen sich bis hin zu den feinen chemischen Reaktionsprozessen in der einzelnen Zelle.

Doch inmitten dieses Konzerts biologischer Individualität klingt die Melodie unserer Medikamente erschreckend monoton. Wie kann es sein, dass die gleiche Pille ganz unterschiedlichen Patienten verschrieben wird? Es ist leicht nachvollziehbar, dass Medikamente bei jedem einzelnen von uns unterschiedlich wirken müssen. Unsere Gene beeinflussen unter anderem die Produktion bestimmter körpereigener Enzyme. Diese spielen manchmal eine wichtige Rolle im Wirkungsablauf von Medikamenten. Aufgrund der genetischen Variationen von Mensch zu Mensch kann daher ein und dasselbe Präparat bei einem Patienten wirken, beim nächsten nicht ansprechen und bei einem dritten Patienten sogar zur tödlichen Überreaktion führen: Allein hierzulande sterben nach Schätzungen jedes Jahr etwa 17 000 Menschen an den Nebenwirkungen von Medikamenten.

Die individualisierte Arzneimitteltherapie findet daher immer mehr Anhänger: Der Patient erhält ein auf seine Gen-Zusammensetzung abgestimmtes Medikament in einer genau festgelegten Dosis. Bei der Behandlung von Brustkrebs verzeichnet dieses Prinzip bereits erste Erfolge. Das Medikament Herceptin wird zum Beispiel erst nach einem Bluttest verabreicht. Dadurch stellt man sicher, dass einige Patientinnen nicht unnötige Nebenwirkungen ertragen müssen, denn das Krebsmittel wirkt eben nicht bei allen Frauen gleich.

Der Aufwand solcher Therapien ist natürlich ungleich größer, denn statt eines simplen »Patentrezepts« wird jeder Einzelne von uns gezielt behandelt. In klinischen Studien müssten neue Wege beschritten werden, um die jeweiligen Zielgruppen eines neuen Medikaments ausfindig zu machen.

In Ansätzen beschreitet man diesen Weg auch bei der Ernährungsberatung, denn abgestimmte Lebensmittel und maßgeschneiderte Diäten können Menschen helfen, die zum Beispiel unter Fettsucht leiden oder auf bestimmte Lebensmittel allergisch reagieren. Schon beim Geschmacksempfinden unterscheidet die Wissenschaft zwischen »Nicht-Schmeckern«, »Medium-Schmeckern« und »Super-Schmeckern«: Bei Bitterstoffen reagieren die »Super-Schmecker« extrem, wohingegen die anderen Gruppen diese Geschmackskomponente weit weniger intensiv erleben. Die bekannte Abneigung einiger Menschen gegenüber Kohl, grünem Tee, Spinat oder Oliven hängt damit zusammen und scheint unter anderem auf die unterschiedliche Dichte an Geschmacksrezeptoren bei diesen Gruppen zurückzugehen.

In der modernen Ernährungswissenschaft und der Pharmakologie setzt sich daher eine Erkenntnis immer stärker durch: Alle Menschen sind *nicht* gleich!

Warum wirken Medikamente ohne Wirkstoff?

69 Ich weiß, Sie werden es abstreiten und mich womöglich für unverschämt halten, dennoch sage ich Ihnen ganz offen: Sie sind manipulierbar!

Zugegeben, Sie zählen nicht zu den Leichtgläubigen, die auf billige Tricks hereinfallen. Sie trauen nicht jedem, aber trotzdem bleibe ich bei meiner Aussage, denn bei all unserem Bemühen um Objektivität, Skepsis und Sachlichkeit werden wir immer wieder Opfer unserer Selbsttäuschung.

Vor einigen Jahren nahm ich mir vor, diese gewagte These mit einem Experiment zu beweisen. Im Rahmen der Sendung »Quarks & Co« führte ich an der Technischen Hochschule Aachen ein »Geruchsexperiment« durch. Ich erklärte den etwa zweihundert Physikstudenten im Hörsaal, dass wir im Fernsehen demonstrieren wollten, wie Düfte sich ausbreiten. Da es noch kein Geruchsfernsehen gebe, bräuchten wir ihre Hilfe: Jeder im Saal erhielt eine gelbe Karte und wurde aufgefordert, diese erst dann hochzuhalten, wenn sie oder er etwas riechen würde. Dann öffnete ich ein kleines Fläschchen mit einer gelblichen Flüssigkeit und stellte es auf den Tisch. Nach etwa einer Minute gingen die ersten Karten hoch. Zuerst waren es die vorderen Reihen, und nach einiger Zeit hatte sich der angebliche Duft über den gesamten Saal ausgebreitet. Überall gingen die Karten hoch. Viele wollten den Duft wahrgenommen haben und waren verblüfft, als ich am Ende das Geheimnis lüftete: In der Flasche befand sich keine übelriechende Flüssigkeit, sondern geruchloses Wasser, das wir gelb eingefärbt hatten. Einige Studenten waren so überrascht, dass sie nach vorne eilten und an der Flasche rochen, um sich persönlich davon zu überzeugen.

Das Manipulationsexperiment war geglückt. Die Erklärung war simpel: Die Studenten hatten sich selbst getäuscht. Sie erwarteten einen Geruch und glaubten so fest daran, dass sie während des Versuchs tatsächlich etwas zu riechen schienen. Genau diese Erwartungshaltung ist der Schlüssel zur Manipulation.

Wenn Ihr Horoskop Ihnen vorhersagt, dass Sie morgen einem »besonders wichtigen Menschen« begegnen werden, und Sie fest daran glauben, dann wird dieses auch zutreffen. An der Wirklichkeit wird sich nichts ändern, doch ihre Deutung wird auf Ihr Horoskop abgestimmt sein. Wenn Ihnen dann zum Beispiel Ihr Chef wie an allen anderen Tagen über den Weg läuft, werden Sie sich vielleicht sagen: »Das Horoskop hatte doch recht!«

Ständige Wiederholungen wecken ebenfalls eine falsche Erwartung in uns. Sie können dieses sofort selbst überprüfen: In der folgenden Tabelle sehen Sie Zahlen. Addieren Sie die Zahlen von oben nach unten und sagen Sie laut das Zwischenergebnis. Am besten decken Sie die Zahlen ab und schieben das Deckblatt Zeile für Zeile nach unten:

20
1000
1030
1000
1030
20
———

*(Erklärung siehe unten)

Einige Tage nach dem Experiment in Aachen testete ich einen »Voodoo-Trick« im Rahmen einer Hörfunksendung. Ich behauptete, mit magischen Kräften (die ich natürlich nicht besitze) den Kaffee in der Tasse der Zuhörer zum Vibrieren bringen zu können. Wenige Minuten später klingelten in der Redaktion die Telefone heiß. »Es klappt, bei mir hat sich der Kaffee bewegt ...« Im Gegensatz zu den »Magiern« erklärten wir anschließend den Trick hinter dem faulen Zauber.

In der Medizin kennt man den Selbsttäuschungseffekt seit längerem als sogenannten Placeboeffekt. Patienten erhalten statt des richtigen Präparats eine Scheinarznei. Da sie nichts davon wissen, sind sie überzeugt, ein wirksames Präparat einzunehmen; in vielen Fällen kommt es sogar zu heilenden Effekten. Bei einigen Versuchen war die Selbsttäuschung der Placebopatienten sogar so stark, dass diese unter den Nebenwirkungen des eigentlichen Präparats zu leiden glaubten!

Auch bei der Einnahme von Schmerzmitteln kann man es beobachten. Schon nach 15 Minuten spüren die Patienten eine Wirkung, und das, obwohl der Wirkstoff im Körper weit länger braucht, bis er den Schmerz bekämpft. In Studien konnte man nachweisen, dass der Placeboeffekt sogar vom Preis des Scheinpräparats abhängt. Im Rahmen einer Fernsehsendung testeten wir den Effekt mit einem »Konzentrationspräparat«: Die Arznei (es handelte sich um ein Placebo, doch das wussten die Teilnehmer nicht) sollte anregen und die Konzentrationsfähigkeit verbessern. Wir testeten zwei unterschiedliche Präparate. Eines war günstig, das andere angeblich sehr teuer. Nach der Einnahme machten unsere Versuchspersonen einen standardisierten Aufmerksamkeitstest, und – kaum zu glauben – das »teure« Placebo führte zu einer deutlichen Leistungssteigerung!

Bei der Zulassung neuer pharmazeutischer Präparate ist der Placeboeffekt so groß, dass die Industrie mitunter Probleme hat, die darüber hinausgehende Steigerung durch den eigentlichen Wirkstoff nachzuweisen.

Der Placeboeffekt erklärt vermutlich auch den Erfolg und die angebliche Wirksamkeit vieler umstrittener Heilungspraktiken, die auf dem blühenden Esoterikmarkt angeboten werden. Dort findet sich ein buntes Angebot an wirkungslosen Mitteln und Mittelchen, doch viele Patienten sind überzeugt, dass die Therapien greifen. Manche Zeitschriften und Fernsehsendungen berichten inzwischen so häufig davon, dass man sich kaum mehr dagegen auszusprechen wagt. Für mich bleiben solche Scheintherapien ein fauler Zauber, doch vielleicht sagt allein die Bedeutung des Wortes »Placebo« alles: »Ich werde gefallen« ...

....

* Wahrscheinlich haben Sie wie etwa 70 Prozent aller Testpersonen 5000 zusammengezählt, doch das richtige Ergebnis lautet 4100! Das wiederholte Aufzählen der Tausender führt zu einer tückischen Routine.

Schläft man bei
Vollmond schlechter?

70 Es herrscht Vollmond, und erstaunlich viele Menschen sind davon überzeugt, dass sie in solchen Nächten schlechter schlafen. Doch beeinflusst der Vollmond tatsächlich unseren Schlaf?

Es könnte ja an der Helligkeit des Erdtrabanten liegen, doch wenn man nachmisst, stellt man fest, dass der Mond gar nicht so hell strahlt. Gerade einmal 0,2 Lux beträgt seine Beleuchtungsstärke in einer Vollmondnacht. Eine Straßenlaterne ist mit 10 Lux hingegen deutlich heller.

Doch auch bei geschlossenen Gardinen glauben viele Menschen an einen Einfluss des Erdtrabanten.

Während einer Sendung haben wir in einem Schlaflabor überprüft, ob eine Testkandidatin tatsächlich bei Vollmond schlechter schläft. Ihre Gehirnströme, ihre Atmungsaktivität und ihr Herzschlag wurden über die ganze Nacht hinweg gemessen. Sie verbrachte zwei Nächte im Schlaflabor: eine Nacht mit und eine Nacht ohne Vollmond. Per Kamera wurde dabei genau festgehalten, wie ruhig unsere Probandin schlief. Die Auswertung der Daten mit und ohne Vollmond ließ keine nennenswerten Unterschiede erkennen. Die erste Nachthälfte war geprägt von Tiefschlafphasen, danach zeigten sich gehäuft Traumphasen.

Aus den Daten einer einzigen Person lässt sich natürlich noch kein wissenschaftlicher Beweis ableiten. Schlafforscher vom Deutschen Zentrum für Luft- und Raumfahrt in Köln haben daher eine ganze Serie von Schlafstudien durchgeführt. Die gesammelten Daten von insgesamt 112 Versuchspersonen in 957 Nächten, davon 76 mit Vollmond, wurden analysiert. Dabei zeigte sich, dass der Vollmond nachweislich keinen Einfluss auf unseren Schlaf hat.

Dennoch sind laut Umfrage etwa 40 Prozent aller Menschen vom Gegenteil überzeugt. Wie kommt es zu diesem scheinbaren Widerspruch?

Wenn wir schlecht schlafen – das kann öfter vorkommen – und zufällig Vollmond ist, bringen wir unbewusst den Mond damit in Verbindung. Obwohl dieses zwar wissenschaftlich falsch ist, bilden wir uns dennoch einen Zusammenhang ein und glauben am Ende sogar daran.

Doch jetzt wissen Sie: Es stimmt nicht. Der Vollmond ist unschuldig.

Warum werden
die **Haare grau?**

71   Der Zahn der Zeit nagt an uns, und so beginnen unsere Haare allmählich grau zu werden. Warum?
Von der französischen Königin Marie Antoinette wird sogar berichtet, ihre Haare seien in der Nacht vor ihrer Hinrichtung schlagartig ergraut. Die Story hält sich zwar hartnäckig, doch sie ist falsch. Auch beim größten Stress verlieren Haare nicht über Nacht ihre Farbe – vermutlich lag es bei Marie Antoinette ganz einfach daran, dass es ihr nicht gestattet war, ihre Haare im Gefängnis zu färben.

Selbst ohne Gang zum Schafott werden unsere Haare mit der Zeit grau. Doch auch das stimmt nicht ganz, wenn man genau hinsieht. Die einzelnen Haare sind nämlich nicht grau, sondern weiß. Durch die Mischung zwischen weiß und der jeweiligen Haarfarbe entsteht erst der Eindruck einer grauen Färbung.

Unsere Haarfarbe wird durch den Farbstoff Melanin bestimmt. Spezielle Pigmentzellen geben diesen Farbstoff an die Haarwurzelzellen weiter. Mit der Zeit stellt der Körper die Produktion des Farbstoffs ein, und dann wird Luft eingelagert. Hierdurch glänzen die Haare älterer Menschen besonders intensiv.

Das Ergrauen ist Veranlagungssache, aber bis heute ist nicht genau geklärt, wodurch der Prozess ausgelöst wird.[37] Die Anzahl der weißen Haare und auch das Tempo des Ergrauens scheinen genetische Ursachen zu haben. Manche trifft es frü-

her, andere später. Europäer beginnen im Durchschnitt bereits mit etwa 35 Jahren zu ergrauen. Asiaten hingegen mit 40 und Afrikaner sogar erst mit 44.
Eine Ausnahme bilden Stars und Prominente. Sie scheinen niemals zu ergrauen ...

Wie kommt es zur elektro- statischen Aufladung?

72 Kennen Sie das Phänomen? Sie laufen über Teppich-boden, fassen die Türklinke an, und prompt spüren Sie einen elektrischen Stoß. Wie kommt es dazu?

Alle Körper besitzen eine große Anzahl elektrischer Ladungen. Normalerweise merken wir nichts davon, da sich die Wirkungen der positiven und negativen Ladungen gegenseitig aufheben. Ein Körper, der von beiden Ladungsarten die gleiche Menge besitzt, ist nach außen hin »elektrisch neutral«. Um einen Körper aufzuladen, muss man entweder Ladungen auf ihn übertragen oder von ihm wegnehmen.

Dieser Ladungstransfer passiert schon beim Reiben. Bereits im antiken Griechenland hat man beobachtet, dass geriebener Bernstein kleine Objekte anzieht. Damals kannte man noch nicht die Ursache. Das griechische Wort für Bernstein lautet: »Elektron«, und so findet man diesen Begriff noch heute im Wort »Elektrizität«.

Wenn Sie zum Beispiel einen Luftballon an einem Wollpullover reiben, ist der Kunststoff des Ballons für die Elektronen attraktiver als die Wolle. Wissenschaftler sprechen in diesem Zusammenhang von der »Elektronenaffinität«. Mit jedem Reiben nimmt der Ballon Elektronen und somit negative Ladung auf, der Pullover verliert hingegen Ladungsträger. Mit der Zeit lädt sich der Ballon also negativ auf, der Pullover hingegen positiv.

Kommt es dann zum Kontakt zwischen dem geladenen Luftballon und einer geerdeten Leitung (das kann zum Beispiel ein Türrahmen oder ein Heizkörper sein), dann gibt der Ballon seine überschüssigen Elektronen schlagartig ab. Es knistert leicht, und nach dieser Entladung ist dann wieder alles im elektrischen Gleichgewicht.

Wenn Sie also mit Gummisohlen über einen Teppichboden gehen, passiert etwas Ähnliches wie beim Ballon: Ihre Sohlen nehmen Elektronen vom Teppichboden auf, und mit der Zeit lädt sich Ihr Körper negativ auf. Normalerweise fließt die überschüssige Ladung über die Luft ab, doch im Winter, wenn die Luft besonders trocken ist, leitet sie schlechter. Die Folge: Mit jedem Schritt laden Sie sich weiter auf und wenn Sie dann an die Türklinke fassen, springt der Funke über. Das ist zwar unangenehm, aber nicht gefährlich.

Manche Teppichhersteller weben kleine Metallfäden in ihre Teppiche ein. Hierdurch fließt der Strom ab, und die Aufladung ist schwächer. Im Alltag ist die statische Aufladung unproblematisch, doch wer zum Beispiel an seinem Computer Bauteile ersetzt, muss aufpassen, denn selbst kleine elektrische Entladungen können die empfindlichen Bauteile zerstören.

In solchen Fällen heißt es also: Gut geerdet bleiben!

Warum gibt es mehr
Rechtshänder?

73 Was haben Charlie Chaplin, Marilyn Monroe, Mahatma Gandhi, Napoleon Bonaparte, Julia Roberts, Johann Wolfgang von Goethe und Wolfgang Amadeus Mozart gemeinsam? Sie sind oder waren Linkshänder! Im Internet findet man viele Listen zu diesem Thema, und es ist erstaunlich, wie viele berühmte Persönlichkeiten für ihre Tätigkeiten die linke Hand bevorzugen.

Obwohl unsere Hände symmetrisch aufgebaut sind, bevorzugen etwa neun von zehn Menschen die rechte Hand, wenn es um komplizierte Dinge geht. Dieses Phänomen zeigt sich weltweit, und zwar in allen Kulturen. Die Bevorzugung von rechts beschränkt sich nicht nur auf die Hände.

Machen Sie doch einmal folgenden Test: Sie stehen barfuß und wollen ein Taschentuch mit den Zehen greifen: Welchen Fuß setzen Sie ein? Die große Mehrzahl macht es mit rechts. So kicken wir auch Bälle mit rechts oder springen mit dem rechten Bein ab.

Auch bei unseren Augen findet sich diese Ungleichheit wieder: Strecken Sie Ihre Hand aus und decken Sie mit dem Daumen ein entferntes Objekt ab. Und jetzt schließen Sie abwechselnd das linke und das rechte Auge. Bei einem Auge springt der Gegenstand aus dem Bild. Das Auge, bei dem er nicht springt, ist das dominante Auge. Beim Zielen verlassen sich die meisten ebenfalls auf das rechte Auge.

Selbst beim Küssen neigen wir den Kopf meistens zur rechten

Seite. Wissenschaftler haben Paare zwei Jahre lang beim Küssen beobachtet – an den verschiedensten Orten. Tolle Forschung! Sie stellten fest, dass 64 Prozent der Paare dabei den Kopf nach rechts neigten.

Unsere Vorliebe für rechts erstreckt sich wohl über den gesamten Körper, und Wissenschaftler vermuten, dass diese Vorliebe schon früh angelegt wurde. Manche spekulieren, dass Rechtshänder in der Evolution einen Vorteil gehabt haben mussten.

Die Erklärung der Hirnforschung lautet wie folgt: Die linke Hirnhälfte steuert nicht nur die rechte Hand, sondern ist auch vornehmlich für Sprechen, Lesen und Schreiben zuständig. Durch die Nähe der Hirnareale zueinander ergibt sich eine verbesserte Zusammenarbeit. Sprache entstand ursprünglich aus Gesten, daher die Nähe beider Bereiche – so können wir nach dieser Theorie mit der rechten Hand auch komplexere motorische Aktivitäten absolvieren. Diese These hat jedoch einen Haken: Bei Linkshändern müssten die entsprechenden Gehirnaktivitäten vertauscht sein, doch das ist bei der Mehrzahl der Linkshänder nicht der Fall, denn sie denken wie ein Rechtshänder: mit der linken Gehirnhälfte.

Andere Wissenschaftler vermuten, dass unsere Vorliebe für rechts genetisch gesteuert wird. Im Sommer 2007 entdeckten Wissenschaftler an der Oxford University sogar ein Gen, welches in einer bestimmten Ausprägung wesentlich häufiger bei Linkshändern vorkommt.[38] Doch sie warnen davor, von einem »Links-Gen« zu sprechen.

Wen immer man fragt – Mediziner, Biologen, Verhaltensforscher oder Genetiker: Niemand vermag so richtig zu erklären, warum die meisten Menschen Rechtshänder sind. Ist doch spannend, oder?

Warum klingt die **Stimme** auf einer Aufnahme so anders?

74 Als es mir das erste Mal passierte, bekam ich einen Schreck. Ich hörte meine aufgenommene Stimme, und die klang völlig anders. Warum?

Natürlich liegt es zunächst am Aufnahmegerät selbst. Wer zum Beispiel einen Anrufbeantworter oder eine Mailbox bespricht, hört sich danach in lausiger Qualität. Telefone beschneiden das Frequenzspektrum derart, dass tiefe und hohe Töne nicht getreu wiedergegeben werden. Doch auch wenn man professionelle Aufnahmegeräte benutzt, meint man, die eigene Stimme klinge immer noch anders. Erstaunlich dabei ist: Andere Menschen können keinen Unterschied zwischen Original und Aufnahme unserer Stimme ausmachen.

Der Grund liegt also in uns selbst. Wenn wir sprechen, senden wir Schallwellen aus, die sich über die Luft ausbreiten. Über die Ohren nehmen wir diese Wellen wahr und hören uns selbst. Doch machen Sie folgenden Test: Halten Sie sich die Ohren fest zu. Wenn Sie reden, hören Sie immer noch sich selbst, denn der Schall wird auch innerhalb des Körpers weitergeleitet. Die Wellen wandern über das Jochbein, den Unterkiefer und die Schläfe und werden dabei vom Knochen an das Innenohr geleitet. Pfiffige Erfinder haben sich den Effekt der Schallübertragung durch den Körper übrigens zunutze gemacht: Für besonders laute Umgebungen haben sie ein Knochentelefon entwickelt. Neben dem Lautsprecher vibriert eine Membran und überträgt den Schall direkt auf die Knochen. So kann man selbst bei lauter Geräuschkulisse etwas hören. Noch raffinierter ist ein vibrierendes Handy am Handgelenk. Der Schall wird über Handknochen und Finger übertragen. Steckt man den Finger ins Ohr, hört man den anderen!

Dieser innere Schall klingt dumpfer, denn Muskeln und Gewebe dämpfen die Schwingungen und verändern so die Klangfarbe. Beim normalen Reden – mit offenen Ohren – hören wir also die Summe aus innerer und äußerer Stimme. Unser Gegenüber hört hingegen nur das, was über die Luft übertragen wird, und das klingt anders.

Wenn wir unsere Stimme aufnehmen, zeichnet das Mikrofon nur die äußere Stimme auf. Beim Abspielen hören daher alle anderen das, was sie auch sonst hören. Nur bei uns selbst fehlt die innere Stimme, und das klingt ungewohnt.

Es gibt auch vereinzelt Menschen, die Stimmen hören, wenn andere nichts wahrnehmen, doch das ist eine andere Geschichte!

Sollte man sich jedes Jahr gegen die **Grippe** impfen lassen?

75 Jedes Jahr wird dazu aufgerufen, sich gegen die Grippe impfen zu lassen. Ist das nötig, und wenn ja, warum jedes Jahr aufs Neue?

Die Grippe sollte man nicht mit einer einfachen Erkältung gleichsetzen. Die Grippe oder Influenza ist eine schwere Atemwegsinfektion, ausgelöst durch hoch ansteckende Influenza-Viren. Grippewellen kosten fast jedes Jahr in Deutschland Tausende von Menschen das Leben, bei größeren Epidemien liegt die Zahl der Opfer sogar weit höher.

Es erwischt uns vor allem in der nasskalten Jahreszeit. Die Grippesaison liegt zwischen Dezember und Februar. Wenn es draußen kalt ist, sind unsere Schleimhäute aufgrund der geringen Luftfeuchtigkeit in den geheizten Räumen ohnehin gereizt. Diese körpereigene Barriere ist also geschwächt, wodurch Viren leichter in den Körper eindringen und sich vermehren können. Beim Husten oder Niesen gelangen sie über winzige Tröpfchen in die Luft und finden dann schnell weitere Opfer.

Ein Infizierter kann schon ein bis zwei Tage vor den ersten Krankheitsanzeichen bis etwa eine Woche nach der Krankheit andere Menschen anstecken. Gerade dort, wo sich viele Menschen aufhalten, zum Beispiel in Schulen, Büros, Kaufhäusern oder Bahnhöfen, werden die Viren weitergegeben, so dass in kurzer Zeit viele Menschen an der Grippe erkranken.

Ein wirksamer Schutz ist die Impfung: Im Oktober und November, also vor der eigentlichen Grippesaison, bekommt man beim Arzt eine Injektion. Darin sind Virusbestandteile enthalten, die unser Immunsystem dazu anregen, Antikörper gegen die entsprechenden Virusstämme zu produzieren. Unsere Abwehr reagiert genauso wie bei einer echten Infektion, doch bei der Impfung handelt es sich um einen »Totimpfstoff«, der selbst keine Grippe auslöst.

Grippeviren verändern sich jedoch ständig, daher muss der Impfstoff immer wieder den neuen Grippestämmen angepasst werden. Die Wandlungsfähigkeit der Viren ist auch der Grund, warum wir uns jedes Jahr erneut impfen lassen sollten. Gerade bei älteren Menschen ist dies ratsam. Kommt es dann zu einer Infektion, greifen die bereits vom Körper gebildeten Antikörper den Grippe-Erreger unverzüglich an, und die Krankheit kann sich nicht im Körper ausbreiten. Leider lassen sich immer noch zu wenige Menschen impfen. Nur jeder vierte nutzt die Chance zu diesem wirksamen Schutz. Bei der Grippe ist es wie bei den Pfadfindern. Das Motto lautet: »Be prepared – sei geimpft!«

Was haben Tulpen mit der Finanzkrise zu tun?

Ausgesucht: Menschliches und Allzumenschliches

Was haben **Tulpen** mit der **Finanzkrise** zu tun?

76 Immer wieder hören wir in den Nachrichten von Finanzkrisen, Rettungspaketen, Stützkäufen, und irgendwie scheint sich die Geschichte zu wiederholen. Hätten Sie gedacht, dass es einen Zusammenhang zwischen Tulpen und der ersten Finanzkrise gibt? Die erste Blase der Spekulation an den Finanzmärkten platzte, nachdem die Krise im 17. Jahrhundert jahrzehntelang den Tulpenmarkt in Holland bestimmt hatte.

Um 1630 herrschte in der niederländischen Republik Hochstimmung. Der Textilhandel florierte, die Geschäfte mit den Kolonien blühten, und die Niederländer erfreuten sich des höchsten Pro-Kopf-Einkommens im damaligen Europa.

Mitte des 16. Jahrhunderts hatte der Botschafter von Suleiman dem Prächtigen die ersten Tulpenzwiebeln aus der Türkei nach Europa gebracht. Ihr Name stammt übrigens vom türkischen Wort »tulipan« ab, das Turban bedeutet. Diese neuartige Blume blühte nur in reichen und adeligen Gärten. Tulpen wurden zum Statussymbol, und bald stiegen die Preise für die ungewöhnlichsten Züchtungen ins Unermessliche. Sammler verliehen den verschiedenen Arten prächtige Namen wie »Vizekönige«, »Admiräle« und »Generäle«. An der Spitze der Zwiebeltruppe stand die purpur-weiß-gestreifte »Semper Augustus« – eine schier unbezahlbare Rarität.

Die schönsten Flammenmuster entstanden scheinbar zufällig. Eine einfache Züchterzwiebel konnte so zu einem wertvollen Schatz erblühen. Was man damals nicht wusste: Die Streifen wurden durch eine Virusinfektion der Pflanze hervorgerufen.

Damit gab es alle Zutaten für wilde Spekulationen. Zunächst handelte man mit Zwiebeln, später dann tauschte man nur noch die Papiere, die Zwiebeln blieben im Boden. Man kaufte und verkaufte, nahm in Erwartung schneller Gewinne Kredite auf. Die meisten Transaktionen betrafen Tulpenzwiebeln, die nie geliefert werden konnten, da sie nicht existierten. Sie wurden mit Gutschriftsanzeigen bezahlt, die nie eingelöst werden konnten, da es das Geld gar nicht gab.

Am 3. Februar 1637 platzte dann die Blase der Tulpenmanie[39]: Tausende verloren ihre Häuser und ihr Vermögen. Ein Regierungsausschuss befasste sich mit der Krise, neue Gesetze regelten zum Beispiel die Annullierung der Tulpenkontrakte.

Was blieb, ist die Zwiebel. 80 Prozent der Welt-Tulpenproduktion stammen aus den Niederlanden. Jedes Frühjahr blühen rund zwei Milliarden Tulpen auf den flachen Feldern zwischen Alkmaar und Leiden.

Eigentlich hätten wir von den Blumen lernen können ...

Wieso sollte man keiner
Statistik trauen?

77 Unsere Welt scheint total berechenbar. Nicht nur Manager planen ihre zukünftigen Entscheidungen mit Hilfe von Excel-Tabellen und Wahrscheinlichkeitsberechnungen. Computer, Maschinen und Automaten begleiten uns durch unseren Alltag. Die Beipackzettel von Arzneien klären uns über die Wahrscheinlichkeit bestimmter Nebenwirkungen auf, Kraftwerksbetreiber beruhigen die Anwohner mit Risikoberechnungen für mögliche Zwischenfälle, und im Radio spricht der Moderator von einer Regenwahrscheinlichkeit von 20 Prozent.

Zahlen und Wahrscheinlichkeiten zieren Bankkredite, politische Umfragewerte und tauchen in der Lotteriewerbung auf: »Die Gewinnchance beträgt 1 zu 60 Millionen!« Mit solch schäbigen Aussichten würde ich jedenfalls kein Los kaufen, doch offensichtlich wittern viele dennoch ihre »Chance«. Liegt das vielleicht daran, dass man die Angaben schlichtweg nicht richtig einordnen kann? Bei so vielen Zahlen und Statistiken sollten wir doch eigentlich Meister des Fachs sein, oder? Erlauben Sie mir eine einfache Frage:

Ein Schläger und ein Ball kosten zusammen 1,10 €. Der Schläger ist dabei 1 € teurer als der Ball. Wie viel kostet der Ball?

Unsere Intuition liefert uns schnell eine Antwort: Der Ball kostet 0,10 €. Das Ergebnis fühlt sich sofort gut an und scheint logisch, doch beim Nachrechnen bemerken wir unseren Fehler. Es ergeben sich zwei Gleichungen:

a) Ball + Schläger = 1,10 €
b) Ball + 1 € = Schläger

Setze Gleichung b) in a) ein:

Ball + (Ball + 1 €) = 1,10 €
2 × Ball = 0,10 €

<u>*ein Ball kostet 0,05 €!*</u>

Intuition und Instinkt verstehen nichts von Mathematik und Zahlen. Immer wieder stolpern wir über unser falsches Gefühl. Schon einfache statistische Aussagen können große Irritationen hervorrufen:

Als die britische Gesundheitsbehörde 1995 verkündete, dass die dritte Generation der Anti-Baby-Pillen das Risiko von Blutgerinnseln um 100 Prozent steigere, kam es zu einer tragischen Überreaktion der Bevölkerung: Im Folgejahr verbuchte man zusätzliche 13 000 Abtreibungen! Betroffen waren davon auch viele Teenager, die aus Angst vor Blutgerinnseln auf die Pille verzichtet hatten.

Dabei entsprach das Risiko einer zusätzlichen Gefahrensteigerung von 1 in 7000 und war somit eher vernachlässigbar. Blutgerinnsel sind eine von vielen eher unwahrscheinlichen Nebenwirkungen, und wenn sich ein vernachlässigbares Risiko verdoppelt, wird es dadurch nicht gleich bedrohlich. Die Verdopplung eines Bruchteils bleibt ein Bruchteil, aber die verkündeten 100 Prozent Risikosteigerung waren unmittelbar mit einer dramatischen Gesamtgefahr gleichgesetzt worden. Die Medien hatten mal wieder versagt, und statt die reale

Gefahr einzuordnen, betrieben sie, wie so oft, Panikmache. Übertriebene Risikowahrnehmung führt zu einer falschen Einschätzung von Lebenssituationen, die dann sonderbare Blüten treibt. Das britische Beispiel ist kein Einzelfall. Wir übernehmen absurde Verhaltensweisen und verkennen mitunter diejenigen Faktoren, die tatsächlich riskant sind. Oft trübt das diffuse Angstgefühl unsere Lebensqualität auf nachhaltige Weise.

Der Psychologe Gerd Gigerenzer, Direktor am Max-Planck-Institut für Bildungsforschung, setzt sich seit Jahren für einen besonnenen Umgang mit der Risikowahrnehmung ein.[40] Der engagierte Wissenschaftler fordert, völlig zu Recht, dass wir bereits in jungen Jahren die Mathematik der Ungewissheit erlernen sollten. Das Fach gehört in den Schulunterricht, denn zu viele Einschätzungen und Entscheidungen unserer modernen Industriegesellschaft werden durch unsere verzerrte Risikowahrnehmung geprägt. Ob es sich um die Angst vor Terrorismus handelt oder um die Einschätzung eines Medikaments – in jedem Einzelfall gilt es, sich ein möglichst objektives Bild der tatsächlichen Gefahren und Risiken zu machen. Unsere Gefühle und Intuitionen leiten uns oft in die Irre; dafür gibt es zahlreiche Belege.

Zu Risiken und Nebenwirkungen fragen Sie daher besser Ihren Psychologen oder Mathematiker!

Was bewirken
Vorurteile?

78 Lehrer sind faul, Politiker korrupt und Frauen technisch unbegabt! Unser Alltag strotzt vor Vorurteilen. Verstärkt werden sie durch ein Füllhorn voller Witze nach dem Motto: Haarfarbe = *blont*!
Vorurteile prägen unser Miteinander, und es ist erstaunlich, wie subtil sie unser Handeln beeinflussen.
Schon der Vorname reicht, um dem Gegenüber zu einem ersten Urteil über die jeweilige Person zu verhelfen: Überraschend viele Lehrerinnen und Lehrer zum Beispiel assoziieren Persönlichkeitsmerkmale mit Vornamen. An der Universität Oldenburg befragte die Mitarbeiterin Julia Kube von der »Arbeitsstelle für Kinderforschung« knapp 2000 Grundschullehrer.[41] Das Ergebnis: Namen wie Chantal, Mandy, Angelina, Kevin, Justin oder Maurice werden eher mit Leistungsschwäche und Verhaltensauffälligkeit in Verbindung gebracht. Glückliche Charlotte und Sophie! Vornamen führen zu ungleichen Bildungschancen, denn nur aufgrund seines Namens wird der Schüler bereits in eine Schublade gesteckt. Besonders »Kevin« hat sich als stereotyper Vorname für einen »verhaltensauffälligen« Schüler herausgestellt. In einem Fragebogen fand sich der Kommentar: »Kevin ist kein Name, sondern eine Diagnose!«
Wie ein Virus befallen Vorurteile auch den Betroffenen selbst: Junge Mädchen sind zum Beispiel oft davon überzeugt, dass sie keine guten Mathematikerinnen oder Physikerinnen sind,

und begründen dieses nicht etwa mit ihrer Leistung, sondern mit dem Vorurteil an sich: »Das kann ich nicht, weil ich eine Frau bin!«

Der Spruch »Frauen und Technik!« verursacht einen immensen Schaden im Bewusstsein kluger Schülerinnen, denn auf stille Weise lösen sich vielversprechende Berufsoptionen auf, obwohl unzählige vergleichende Studien klipp und klar belegen, dass junge Mädchen eine ebenso hohe naturwissenschaftliche Begabung besitzen wie gleichaltrige Jungen. Das Vorurteil siegt: In Physikvorlesungen sind junge Frauen die Ausnahme.

Ist es nicht absurd? Unsere Nation klagt über ein Nachwuchsproblem in den naturwissenschaftlichen Disziplinen, doch würden genauso viele Frauen hierzulande Physik oder Informatik studieren wie Männer, wäre das Problem des Fachkräftemangels im Nu gelöst.

Vorurteile beeinflussen das Verhalten weit stärker, als wir annehmen. Untersuchungen in den USA belegen, dass schon die Anspielung auf die Hautfarbe ausreicht, damit junge Afroamerikaner in den Leistungstests schlechter abschneiden! Ohne den Appell an das Vorurteil verschwindet prompt der Leistungsunterschied.

Das konnten wir mit einem ähnlichen Experiment in der »Großen Show der Naturwunder« selbst testen.

Etwa 100 junge Frauen sollten einen vereinfachten Intelligenztest absolvieren. Vor dem Test wurden sie aufgefordert, einen Fragebogen auszufüllen. Ohne dass die Frauen es bemerkten, hatten wir die Kandidatinnen in zwei Gruppen unterteilt. Bei der ersten Gruppe war der Fragebogen neutral gehalten. Bei der zweiten Gruppe aktivierten einige der aufgeführten Fragen bewusst die typischen Vorurteile. So wurde zum Beispiel abgefragt: »Glauben Sie, dass es einen Zusammenhang zwischen Haarfarbe und Intelligenz gibt?« Nach dem Ausfüllen des Fragebogens folgten dann für beide Gruppen identische Intelligenztests.

Das Ergebnis war aufschlussreich: Die Gruppe, die kurz zuvor im Fragebogen mit dem »blonden« Vorurteil konfrontiert worden war, schnitt deutlich schlechter ab und löste nur halb so viele Testaufgaben erfolgreich wie die Vergleichsgruppe. Das kurze Erinnern an die Haarfarbe reichte schon aus, um die Leistung der betroffenen blonden Teilnehmerinnen dramatisch zu mindern.

Psychologen erklären das Phänomen mit der sogenannten »selbsterfüllenden Prophezeiung«. Wenn man es nur oft genug wiederholt, glaubt der Betroffene am Ende selbst an das Vorurteil und beginnt diesem dann unbewusst zu entsprechen!

Ich erinnere mich an eine junge Kollegin, die auf bemerkenswerte Weise Probleme strukturieren und lösen konnte und mit großer Leichtigkeit die Dinge im Zusammenhang erfasste. Dennoch war sie nie mit ihrer eigenen Leistung zufrieden und hatte Angst vor einer Ausweitung ihres Verantwortungsbereichs.

Nach vielen Gesprächen stieß ich auf die Ursache ihres Mangels an Zuversicht: Ihre Grundschullehrerin hatte sie als »nicht sonderlich intelligent« bezeichnet, und diese absurde Aussage nahm jahrzehntelang Besitz von ihrem Opfer.

In jedem von uns schlummern womöglich solche Vorurteilsdämonen. Eine unbedachte Ermahnung der Mutter, eine spöttische Bemerkung eines Schulfreunds oder ein Nebensatz eines Lehrers.

Auch ich bin nicht frei davon: Obwohl mein Terminkalender überquillt und manche meiner Arbeitstage ermüdend lang sind, obwohl ich unzählige Sendungen produziere und auch an Wochenenden arbeite, höre ich immer wieder diesen schmerzlichen Satz aus meiner Schulzeit: »Du bist faul!«

Sind **Tiere** wirklich so **anders?**

79 Die Proben zur Fernsehsendung »Die große Show der Naturwunder« bereiten mir einen besonderen Spaß. Unser Studio ist nicht nur Schauplatz ausgefeilter Experimente und aufwändiger Demonstrationen, sondern verwandelt sich während der Produktion auch in einen Zoo voller exotischer Tiere: Seehunde, Faultiere, Waschbären, Erdmännchen, Krokodile oder ausgewachsene Elefanten ziehen die Aufmerksamkeit auf sich, und alle Mitarbeiter der Produktion geben sich stets die größte Mühe, damit es den Tieren, die bei uns zu Gast sind, gut geht.

Studiokulissen und Kameras sind alles andere als ein »natürlicher Lebensraum« für Tiere. Unsere Regeln sind daher streng und eindeutig: Das Tier genießt immer die Priorität, auch wenn es nicht so »funktioniert«, wie man das vielleicht gerne hätte.

Für mich sind die Begegnungen mit oft exotischen Tieren stets etwas ganz Besonderes, denn man wird immer wieder wunderbar überrascht.

Eine Sendung befasste sich mit der Intelligenz von Affen. Immerhin ist zum Beispiel das Erbgut der Schimpansen zu 98,77 Prozent mit unserem Erbgut identisch. Menschenaffen benutzen selbst Werkzeuge und führen ein sehr komplexes Sozialleben.

In Experimenten an der Universität Kyoto (Japan) konnten Wissenschaftler sogar nachweisen, dass Schimpansen über ein phänomenales Kurzzeitgedächtnis verfügen. In einem pfiffigen Versuch spielen die Affen »Memory« und benötigen gerade einmal 0,67 Sekunden, um sich zehn Symbole zu merken. Ihr Kurzzeitgedächtnis übertrifft das von uns Menschen bei weitem. Unsere »Cousins der Evolution« verblüffen mich, und es beschämt mich, wie unsensibel in einigen Fällen noch heute mit diesen intelligenten Primaten umgegangen wird.

Nach anfänglichen Zweifeln und gründlichen Recherchen stießen unsere Mitarbeiter auf eine Schimpansendame, die offensichtlich »showerfahren« war. Sina, so hieß die Affendame, war an Menschen gewöhnt und hatte sogar das Zählen erlernt. Sie schaffte es, zufällig angeordnete Zahlen auf einem Computerbildschirm in der richtigen Reihenfolge anzutippen. Ich war gespannt, ob sie ihre Zählkünste auch in der Hektik des Fernsehstudios demonstrieren könnte.

Gemeinsam mit dem Pfleger betrat sie während der Probe die Bühne und setzte sich auf ein Podest. Ausgewachsene Schimpansen sind erstaunlich groß, und mit gebührendem Respekt näherte ich mich. Sina blickte mich kurz an und nahm plötzlich meine Hand, wie ein Kind. Dann begann die Rechenstunde: Der Bildschirm zeigte die Zahlen, und Sina dachte nach. Sie kratzte sich am Kopf, und ich spürte förmlich, wie ihr Gehirn arbeitete. Dann tippte sie. Zunächst die »1«, dann die »2«. »Toll, prima.« Bei jeder richtigen Zahl gab es viel Lob, wie bei einem Vorschulkind. Nachdem sie die »4« ebenfalls richtig angetippt hatte, zögerte sie. Ihr Zeigefinger bewegte sich zur »6«. Instinktiv drückte ich ihr leicht die Hand. Sina reagierte sofort und entschied sich dann für die »5«. Der Ablauf wurde mehrfach wiederholt, und mit der Zeit wurde mein gelegentlicher Händedruck für sie zu einer nützlichen Hilfe. Es war das erste Mal in meinem Leben, dass ich mit einem Schimpansen pfuschte! Niemand im Saal bemerkte unser kleines Geheimnis.

Als sie die Aufgabe zur Begeisterung aller gelöst hatte und dafür mit Applaus belohnt wurde, ließ sie meine Hand los und legte den Arm um mich. Es war ein offensichtliches »Dankeschön« und für mich ein außergewöhnliches Erlebnis: Es fühlte sich genauso an, als würde ein Mensch mich umarmen – aber es war doch »nur« eine Schimpansendame!

Bei aller Theorie über Intelligenz und scheinbare Überlegenheit: Manchmal stehen uns Affen doch sehr nahe!

Wie sahen die
Dinosaurier wirklich aus?

80 Stellen Sie sich vor, in einigen Millionen Jahren finden Paläontologen das Skelett eines heutigen Elefanten. Die Wissenschaftler würden sich daran machen, aus dem Puzzle der Knochen den Elefanten zu rekonstruieren. Im Erdgeschoss des Museums würde man dann den Fund ausstellen, und vorbeischlendernde Besucher könnten auf einer montierten Tafel einen lateinischen Namen lesen wie etwa »Jumbo majestatis africanae«, neben dem sich ein Bild des ausgestorbenen Lebewesens befände: Ein stattliches Tier mit großen Zähnen wäre da abgebildet. Aber etwas Wichtiges würde fehlen: der Rüssel und die großen Ohren! Jumbo majestatis hätte eine Stupsnase und kleine Öhrchen wie ein heutiges Nashorn, denn für beide kennzeichnenden Merkmale gibt es keine entsprechenden Knochen!

Was dem Elefanten blühen könnte, geschieht heute bereits mit den Dinosauriern. Das Bild, das wir uns zurechtgelegt haben, ist garantiert falsch. Dinos sahen mit Sicherheit anders aus als in unseren Lehrbuchabbildungen.

Obwohl wir nur wenig von unseren imposanten Vorfahren wissen, verpassen wir ihnen wohlklingende Namen wie »Triceratops«, »Brachiosaurus« oder gar »Tyrannosaurus Rex«. Doch schon bei einfachen Fragen gerät die Fachwelt ins Grübeln:

Welche Farbe hatte zum Beispiel der Tyrannosaurus Rex? In den reich bestückten Kaufhausregalen findet man die begehrten Plastikmonster in fast allen Schattierungen: braun, grün, blau-metallic, manchmal sogar mit gelben Streifen, die das weit aufgerissene Gebiss noch gefährlicher aussehen lassen. Die Grenze zwischen gesicherten Fakten und unserer ausgeschmückten Phantasie verläuft fließend. Und auch in Kinofilmen wie »Jurassic Park« wird nicht gezaudert. Dank aufwendiger Computeranimationen und mithilfe ausgesuchter Laute fauchen, grölen und quietschen die neu erwachten Schreckensechsen den Kinobesucher an: Dinosound – made in Hollywood! Ein wildes Durcheinander tut sich da auf, denn in einigen Dinofilmen und Ausstellungen tummeln sich Exemplare, die zum Teil in völlig verschiedenen Zeitaltern lebten. So konnte zum Beispiel der raubgierige Tyrannosaurus dem riesigen pflanzenfressenden Brachiosaurus nichts antun, denn zwischen dem Aussterben des Brachiosaurus und dem ersten Schrei eines Tyrannosaurus lagen nicht weniger als 80 Millionen Jahre.

Unser Wissen über Dinosaurier verdanken wir im Wesentlichen der Untersuchung von versteinerten Knochen und Skeletten. Sie verraten uns viel über Alter, Größe oder Ernährungsweise dieser Lebewesen. Mithilfe von Computermodellen entpuppten sich bisher angenommene Bewegungsarten einiger Saurier als falsch: Schwere Saurier, wie sie selbst in seriösen Fachbüchern dargestellt wurden, wären unter der enormen Last ihres Körpers garantiert zusammengebrochen. Erst durch eine Korrektur der bisher angenommenen Beinstellung wurden die Reptilien standfest. Auch wenn wir in den vergangenen Jahrzehnten viel über Dinosaurier gelernt haben, reichen Skelette und Knochen für eine befriedigende Rekonstruktion nicht aus.

Der kalifornische Chemie-Nobelpreisträger Kary Mullis hat ein weiteres Tor in die Vergangenheit aufgestoßen: Durch seine PCR-Methode gelingt die Genanalyse fossiler Überreste.

Hierbei versucht man, das Erbgut direkt zu entschlüsseln. Jedes Lebewesen, ob Ameise, Mensch oder Dinosaurier, trägt in jeder einzelnen Körperzelle seinen ganzen Bauplan. Die sogenannten Gene entsprechen hierbei Detailplänen für Farbe und Form der Augen, Struktur des Haares, Größe der Füße, Geschlecht – einfach alles ist in diesen Genen gespeichert. Um sie zu entschlüsseln, brauchen die Wissenschaftler jedoch eine ausreichende Menge an Erbgut, und genau daran fehlte es besonders bei alten Funden.

Wer weiß – in Zukunft werden sich die Farben einiger Dinosaurier wohl ändern, und vielleicht verpasst man dem einen oder anderen Exemplar sogar einen Rüssel!

Warum übertreiben wir ständig?

81 »Oh, was für eine großartige Entscheidung!« Die Kellnerin zwinkert verschworen und notiert begeistert meine Bestellung: ein Spiegelei mit Speck.

Amerikanische Restaurants sparen nicht mit Lob für den Kunden, doch manchmal ist mir das Feuerwerk an Superlativen ein Tick zu viel. Wer zum Frühstück ein Ei bestellt, tut nichts Außergewöhnliches, oder?

Der Hang zur Übertreibung hat längst auch unseren Kulturkreis erreicht. Auf langen Autobahnfahrten muss ich mir immer wieder die »aktuellsten« Verkehrsmeldungen anhören, doch ich frage Sie: Gibt es aktueller als aktuell?

Längst haben wir uns an die Suche nach »Superstars« und »Supertalenten« gewöhnt. Bei Lichte betrachtet, handelt es sich eher um mediale Eintagsfliegen, die schon nach wenigen Schlagzeilen in eine wohltuende Vergessenheit zurückfallen. »Ultimative Chartshows« präsentieren doch nichts anderes als gewöhnliche Musik. Früher hieß das Hitparade, aber so viel Ehrlichkeit will man uns lieber nicht zumuten und benimmt sich lieber »genial danebene«.

Der Trend zur Übertreibung hat sich inzwischen so weit ausgebreitet, dass es kein Zurück mehr zu geben scheint. Als der Winter 2010 uns (endlich!) etwas Schnee bescherte, titelten große Zeitungen mit: »Sturmtief ›Daisy‹ droht Deutschland lahmzulegen – Angst vor dem Blizzard!« oder »Schneewalze wütet über Deutschland!« Unzählige Sondersendungen wurden ins Programm gehievt, und in hektischen Live-Schalten berichteten »Schnee-Reporter« und zeigten das, was einen Winter eben ausmacht: Schnee! Das viel zitierte »Schnee-Chaos« blieb weitgehend aus, und so teilten sich die eifrigen Journalisten einen rutschigen Autobahnabschnitt und eine Nordseeinsel, welche für einige Tage auf den Fährverkehr verzichten musste.

Als ich einige Wochen danach mit einem Meteorologen aus dem Wetterstudio über diesen Hang zum Dramatisieren sprach, konnte dieser nur zustimmen, wie chancenlos eine objektive Berichterstattung inzwischen sei: »Wenn 20 Zentimeter Schnee fallen, dann gibt es auch Schneeverwehungen, die 40 Zentimeter hoch sind. Der nächste Journalist macht dann aus 20 Zentimetern bis zu 40 Zentimeter Schnee, und so wächst die Verwehung schnell auf einen Meter! Das schaukelt sich hoch, bis am Ende alle eine Katastrophe melden, obwohl es nur ganz normal schneit.«

Medien orientieren sich zunehmend weniger am eigentlichen Geschehen, sondern richten sich nach dem, was andere Medien verbreiten. Jeder Sender versucht, den anderen zu überbieten; und wenn alle von einer Katastrophe sprechen, findet die normale Meldung kein Gehör mehr. Aus wissenschaftlicher Sicht kommt es so zu einer Selbstverstärkung. Sie kennen dieses Phänomen: Wenn ein Mikrofon zu nahe an einem Lautsprecher steht, bildet sich mit der Zeit ein unerträglicher Pfeifton.

Immer öfter werden wir Zeugen solcher Verstärkungseffekte. Als der Fußballtorwart Robert Enke sich das Leben nahm, entwickelte sich daraufhin ein absurdes Spektakel. Sein Freitod glich einem Funken, der ein mediales Pulverfass entzündete: Pressekonferenzen, Interviews, Schweigeminuten, Trauermärsche und Gottesdienste. Am Ende sprach der Ministerpräsident auf einer Gedenkfeier. 40 000 Fans waren angereist, die Trauerfeier wurde auf fünf Fernsehsendern in Deutschland live übertragen. Mehr als 130 000 Menschen trugen sich in die Kondolenzliste ein!

Zweifelsohne ist es tragisch, wenn ein junger Familienvater sich das Leben nimmt, doch bei den ausufernden Reaktionen mag man sich schon fragen, ob die Verhältnismäßigkeit noch stimmt, oder ob die Medien vielleicht Opfer ihrer eigenen Selbstverstärkung werden.

Auch die Politik ist dieser Verführung längst erlegen und prahlt mit allerlei »Gipfeln«, »Skandalen« und »Krisensitzungen«. Supermarktketten locken ihre Kundschaft mit »Mega-Angeboten«, und in Fastfoodrestaurants sucht man vergeblich Speisen in Normalgröße, denn hier ist alles nur ab Größe XL zu haben.

Alles ist groß und nimmt für sich in Anspruch, relevant und wichtig zu sein. Spätestens dann, wenn Sie mit Ihrer Frühstücksbestellung beim Kellner eine »gigantische« Euphorie auslösen, werden Sie mir zustimmen, dass wir doch etwas bescheidener werden sollten ...

In der Schule lernen wir fürs Leben – oder?

82 Können Sie die folgenden Fragen beantworten?

A) Wie groß muss ein Spiegel sein, damit man sich ganz darin sehen kann?

B) Warum ist es im Sommer warm und im Winter kalt?

C) Woher stammt das Holz der Bäume?

In Vorträgen bitte ich das Publikum, die Antworten auf einem Zettel zu notieren, der anschließend eingesammelt wird. Die Stimmung im Saal ist in solchen Situationen gespannt und erinnert viele an die eigene Schulzeit: die Angst vor dem Versagen, die Benotung, das Offenbaren von Schwäche, die Demütigung vor den Klassenkameraden. Wenn ich dann demonstrativ die Zettel entsorge, macht sich im Saal Erleichterung breit. Nein, niemand muss heute Abend nachsitzen!

Vermutlich haben auch Sie jahrelang die Schulbank gedrückt, vielleicht sogar studiert. Doch was ist davon »hängen geblieben«? Könnten Sie die genannten Fragen beantworten? Wissen Sie noch, wann der Dreißigjährige Krieg endete, und wer da eigentlich gegen wen gekämpft hat? Erinnern Sie sich noch an die binomischen Formeln oder an die unregelmäßigen Verben im Französischen?

Wer in aller Ehrlichkeit die Bilanz der eigenen Schulzeit zieht, merkt, dass vieles in Vergessenheit geraten ist. Trotz unzähliger Unterrichtsstunden in Physik, Biologie oder Geschichte verbleiben gerade einmal eine Handvoll Erinnerungen, und selbst mit elementaren Sachverhalten sind wir überfordert. Dabei ist unsere Schulzeit eine gewaltige Zeitinvestition. Doch sie erweist sich oft als unnütz, wenn es darum geht, Gelerntes mit der eigenen Lebenswirklichkeit zu verknüpfen. So büffeln Generationen von Schülern für die nächste Klausur und vergessen danach, worum es ging. Meines Erachtens liegt die Ursache dafür in einem falschen Selbstverständnis.

Noch immer ist unser Schulsystem zu sehr auf Leistung getrimmt: Die gute Note ist entscheidend, der gute Abschluss steht im Vordergrund, nicht jedoch die Beziehung zum Gelernten, etwa die Erfahrung, wie praktisch Mathematik im Alltag sein kann. Obwohl unzählige internationale Vergleichsuntersuchungen wie regelmäßige OECD-Studien oder TIMSS-Erhebungen diese Schwäche im deutschen Schulsystem aufdecken, ändert sich hierzulande nur wenig. Bildungsexperten fordern seit langem ein Umdenken. Statt einer übertriebenen Leistungsorientierung sollte die Lernorientierung im Mittelpunkt stehen. Wer mit diesem Ansatz in eine Schulklasse geht, erlebt wahre Wunder. Junge Menschen besitzen nämlich eine bemerkenswerte Neugier und teilen eine intensive Freude am Lernen. Man muss sie nur dafür öffnen. Wer diese verborgene Kraft nutzt, wird mit einer ungewohnten Aufmerksamkeit belohnt. Aus dem oft stumpfsinnigen Büffeln wird ein ehrlicher Lernprozess, getrieben vom eigenen Interesse der Schüler.

Inzwischen setzen sich viele engagierte Lehrer für ein solches Umdenken ein, denn die veränderte Lernhaltung wirkt sich auch spürbar auf das Miteinander aus. Schüler beteiligen sich rege, überhören schon einmal den Pausengong, es gibt weniger Autoritätsprobleme.

Wer so lernt, vergisst weniger und weiß auch noch nach Jahren die Antwort auf meine drei Publikumsfragen. Worauf also warten wir?

....

Antwort A)
Viele meinen, es habe mit dem Abstand zu tun, doch dieser ist unwichtig: Der Spiegel muss exakt halb so groß sein wie man selbst. (Siehe: »Sonst noch Fragen?«, Kapitel 98: Wie groß muss ein Spiegel mindestens sein, damit man sich ganz darin sehen kann?)

Antwort B)
Etwa die Hälfte der Befragten tippt auf den schwankenden Abstand zwischen Erde und Sonne. Die Jahreszeiten werden jedoch durch die Neigung der Erdachse hervorgerufen: Im Sommer zeigt die Nordhalbkugel zur Sonne und wird daher intensiver beschienen, wohingegen sie im Winter von der Sonne abgewandt ist. (Siehe: »Sonst noch Fragen?«, Kapitel 31: Wann beginnt der Frühling?)

Antwort C)
Vielen Befragten ist trotz korrekter Stichworte wie zum Beispiel »Photosynthese« nicht klar, dass der Baum sich tatsächlich von der Luft »ernährt«. Das Holz entsteht durch Kohlendioxyd, das aus der Atmosphäre aufgenommen wird. (Siehe Kapitel 36: Wieso wird CO_2 freigesetzt, wenn man einen Baum fällt?)

Dürfen wir unserer
Erinnerung trauen?

83 In jedem von uns schlummert ein reiches Reservoir an Erinnerungen: der erste Kuss, ein freudiges Urlaubserlebnis, die Rüge des Chemielehrers. Jeder von uns trägt sein persönliches Lebensarchiv mit sich herum, und diese Erinnerungen prägen unsere Persönlichkeit. An diesem episodischen Gedächtnis, wie die Wissenschaft es nennt, sind gleich mehrere Hirnareale beteiligt: Neben Stirn- und Schläfenlappen der rechten Hirnhälfte, die für den Faktenanteil des Erlebten zuständig sind, ist auch das limbische System aktiv, welches das emotional Erlebte bewertet und festhält. Offensichtlich setzt dieses Zusammenspiel der verschiedenen Hirnregionen erst ab dem vierten oder fünften Lebensjahr ein. Daher erinnert man sich als Erwachsener kaum an Ereignisse aus der allerfrühesten Kindheit.

Doch im Gegensatz zur Festplatte eines Computers speichert unser Gehirn das Erlebte nicht einfach ab, sondern verarbeitet auch im Nachhinein das Gespeicherte. Mit der Zeit verblassen manche Einträge, so dass wir nach Jahren zum Beispiel den Namen unseres Klassenkameraden oder den Ausgang eines wichtigen Fußballspiels vergessen haben. Je öfter wir bestimmte Situationen abrufen, desto fester graben sie sich in unser Gedächtnis ein.

Manchmal können auch externe Faktoren zu einer Stütze werden: So können Sie sich vermutlich ganz genau an den 11. September 2001 erinnern, als die Welt erschrocken den

Anschlag auf das World Trade Center verfolgte. Wo waren Sie an diesem Tag? Wer war bei Ihnen? Was haben Sie an diesem Nachmittag unternommen?

Alle, denen ich diese Frage stellte, konnten sich selbst an kleine Details erinnern und erzählten mir zum Beispiel, dass sie ihre Frau anriefen und den Abend mit Freunden verbrachten. Was sie jedoch am Tag zuvor erlebt hatten, schien wie ausgelöscht, denn keiner der Befragten konnte mir darauf eine Antwort geben. Dieses besondere Weltereignis sorgt für einen bleibenden und intensiven Eintrag in unserem Gedächtnis.

Nach demselben Muster erinnern sich die meisten Menschen an die erste Mondlandung, den Fall der Mauer oder an die eigene Hochzeit, denn diese Ereignisse waren geprägt von starken Emotionen. Solche Gefühle können auch durch unscheinbare Details geweckt werden: Der typische Geruch im Treppenhaus der Eltern, der Hall in den Gängen der alten Schule oder der Desinfektionsduft im Krankenhaus können zum unbewussten Auslöser einer lebendigen Erinnerung werden. Das in Tee getauchte Gebäck zauberte beim französischen Autor Marcel Proust Reminiszenzen an seine Kindheit hervor, die er in seinem Lebenswerk »Auf der Suche nach der verlorenen Zeit« beschrieb.

Eine besondere Stütze auf der Reise in die eigene Vergangenheit sind Familienalben mit alten Fotos. Doch wie wahr sind die alten Geschichten, die uns dann einfallen? Oft schönen wir unbewusst das Vergangene, und mit der Zeit werden die vergangenen Erlebnisse durch immer mehr Phantasie ergänzt. »Früher war alles besser ...« – war es vermutlich nicht, doch in unseren Erinnerungen filtert das Gehirn Unangenehmes und Profanes schon einmal gerne heraus.

Wie weit diese Selbsttäuschung geht, haben neuseeländische Wissenschaftler in einem bemerkenswerten Versuch dargelegt:[42] Sie zeigten Probanden Fotos aus deren Kindheit, welche

sie von den jeweiligen Familien zur Verfügung gestellt bekommen hatten. Anhand der Bilder sollten sich die Versuchspersonen an die vergangenen Ereignisse erinnern. Eine Aufnahme wurde jedoch beim Experiment ohne Wissen der
Beteiligten manipuliert. Auf einem Bild wurde die Testperson
in den Korb eines Heißluftballons montiert. Zuvor hatten die
Wissenschaftler sichergestellt, dass keiner der Kandidaten in
seiner Kindheit eine solche Ballonfahrt unternommen hatte.
Überraschenderweise erinnerte sich die Hälfte der Versuchspersonen an eine solche Fahrt! Einige hatten sogar lebendige
Vorstellungen von diesem »falschen« Ereignis! Die manipu-
lierten Fotos erzeugten also falsche Erinnerungen. Für die
Wissenschaftler ist dieser Test eine wertvolle Hilfe bei der Er-
forschung der Funktion unseres Gedächtnisses: Offensichtlich ergänzen wir laufend unbewusst unser inneres Archiv,
und nach einigen Jahren sind aus den alten Geschichten neue
geworden. »Früher war alles besser ...«

Welche Rolle spielt der
Zufall in der Wissenschaft?

84 Zufall ist ein bestimmendes Element des Fortschritts. Es gibt unzählige Beispiele von Wissenschaftlern, die per Zufall auf eine neue Spur geraten sind oder in einer Routine von einem Detail überrascht wurden.

Die Entdeckung des Penizillins geschah eher zufällig, als die neugierigen Augen des schottischen Bakteriologen Alexander Fleming auf eine verschimmelte Bakterienkultur stießen. In einer kalten Novembernacht 1895 fiel dem Physiker Wilhelm Conrad Röntgen das schwache Leuchten eines Schirms auf; das machte ihn zum Entdecker der Röntgenstrahlung. Ein geschmolzener Schokoriegel in der Hosentasche des Ingenieurs Percy Spencer gab den Anstoß zur Entwicklung der Mikrowelle, und selbst Kolumbus setzte seine Segel und erreichte per Zufall die Neue Welt. Vermutlich übersehen Sie und ich eine Vielzahl von Phänomenen, die eines Tages von offenen Augen erkannt und erforscht werden. Der Zufall allein reicht eben nicht aus, denn es braucht den glücklichen homo inquisitoris, der im richtigen Moment die richtige Frage stellt und beharrlich nach einer Antwort sucht.

Selbst hinter alltäglichen Dingen wie den Haftzetteln, auch Post-its genannt, verbirgt sich eine Geschichte von Zufällen und Pannen. Sie beginnt Ende der Sechzigerjahre des vergangenen Jahrhunderts im amerikanischen Bundesstaat Minnesota. Der Entwicklungsingenieur Spencer Silver ist Angestellter eines großen Chemieunternehmens und forscht an der

Entwicklung eines besonders starken Klebstoffs. Er versucht es in seinem Labor mit den verschiedensten Mischungen. Eines Tages probiert er eher zufällig aus, was wohl bei einem völlig falschen Mischungsverhältnis herauskommen würde. Der neue Zufallsklebstoff ist zunächst ein Flop: Er haftet nur schwach und lässt sich problemlos wieder lösen. Silver sucht zwar nach möglichen Anwendungen, doch niemand scheint sich so richtig dafür zu interessieren. Fünf Jahre vergehen, bis ein zweiter Mann ins Spiel kommt.

Er heißt Arthur Fry, ist Chemiker im selben Unternehmen wie Silver und singt in seiner Freizeit in einem Kirchenchor. Bei den Proben müssen die Musiker häufig verschiedene Seiten im Notenbuch aufschlagen. Lesezeichen helfen, doch oft genug fallen sie heraus. An einem Sonntag im Jahre 1974 hat Fry die zündende Idee. Mit Spencers Klebstoff würden die Lesezeichen halten! Die Chormitglieder sind begeistert, die Nachfrage nach den haftenden Lesezeichen steigt. Fry verteilt daraufhin Muster an alle Verantwortlichen im Unternehmen, doch die Mitarbeiter nutzen sie nicht nur als Lesezeichen, sondern auch als klebende Notizzettel.

Doch zunächst muss Fry noch ein Problem lösen: Der Klebstoff kann sich nicht entscheiden – mal klebt er an Buch oder Tisch, mal am Zettel. Erst nach zahlreichen Versuchen findet er eine Lösung.

Bei der mikroskopischen Betrachtung erkennt man, dass die neue Mixtur im Gegensatz zu anderen Klebern keinen gleichmäßigen Film bildet, sondern das Papier mit kleinen klebrigen Kügelchen überzieht. Beim Zusammenfügen wirkt also nur ein kleiner Teil des Klebers, die Haftoberfläche ist minimal, und somit bleibt die Haftwirkung schwach.

1978 kommen die ersten Haftzettel auf den Markt und erobern im Nu die Büros in der ganzen Welt. Heute schützen sie uns in allen Farben und Formen vor unserer Vergesslichkeit.

Sie zählen inzwischen zu den am häufigsten verkauften Büroartikeln. Begonnen hat alles per Zufall – mit einem klebrigen Fehlversuch!

Warum reden alle
von heißer Luft?

85 In unseren Geschichtsbüchern haben sie sich verewigt: der erste Mensch, der den Nordpol erreichte, der erste Bergsteiger, der den Mount Everest bezwang, und der erste Astronaut, der seinen Fuß auf den Mond setzte. Aber haben sie den Ruhm immer verdient?

Die Geschichte lehrt uns, dass das erste bemannte Luftfahrzeug eine »Montgolfiere« war. Dieser Heißluftballon, hergestellt von den südfranzösischen Papierfabrikantenbrüdern Joseph Michel und Jacques Etienne Montgolfier, stieg am 21. November 1783 in den Himmel historischer Unsterblichkeit auf.

Die Praxis gab den Brüdern wohl recht, aber ihre theoretische Erklärung des Flugprinzips war falsch: Sie hielten Rauch für das entscheidende Traggas und waren sogar der Überzeugung, dass dieser möglichst übel riechen müsse. So warf Etienne beim Jungfernflug im königlichen Park von Versailles neben nassem Stroh auch verwesendes Fleisch und alte Schuhe (!) in das Feuer. Dieser »wirksame« Qualm verscheuchte die adeligen Beobachter aus den ersten Reihen. Nicht ohne Grund waren die ersten Passagiere zunächst ein Hammel, ein Hahn und eine Ente.

Erst später begriff man, dass die Funktionsweise des Aerostaten nichts mit Rauch an sich zu tun hatte, sondern lediglich mit dessen Temperatur, nämlich der geringeren Dichte heißer Luft.

Erhitzt man Luft von 0 auf 80 °C, dehnt sie sich aus. Hierdurch verringert sich die Masse eines Kubikmeters um etwa 300 Gramm. Der resultierende Auftrieb ist immer noch gering, weshalb der Aerostat der Gebrüder Montgolfier sehr groß ausfiel.

Im Geschichtsunterricht hört man hingegen selten den Namen von Jacques Alexandre César Charles. Dem damals 37-jährigen Physikprofessor gelang genau zehn Tage (!) nach dem historischen Aufstieg der Mongolfiere ein spektakulärer Flug über Paris. Sein Ballon war mit Wasserstoff gefüllt. Das Gas wurde in großen Fässern durch die Einwirkung verdünnter Schwefelsäure auf Eisenspäne gewonnen. Da Wasserstoff 14-mal leichter als Luft ist, kam Charles mit einem wesentlich kleineren Ballon aus.

Im Gegensatz zu seinen Heißluftkonkurrenten absolvierte der begeisterte Wissenschaftler den ersten Alleinflug. Am Abend des 1. Dezember 1783 stieg er in die Abenddämmerung hinein und erreichte mit seinem Gefährt eine Höhe von 2750 Metern. »Nichts kann dem Vergnügen gleichen«, notierte er später, »das in dem Augenblick, da ich die Erde verließ, sich meines ganzen Daseins bemächtigte; es war nicht bloß Vergnügen, es war Glückseligkeit.« Charles hatte die Ausdehnung von Gasen bei ihrer Erwärmung studiert und sogar ein entsprechendes physikalisches Gesetz formuliert. Doch er hatte diese Erkenntnisse nicht »offiziell« publiziert, und so gilt Joseph Louis Gay-Lussac als Entdecker des Gasgesetzes. Ist es nicht unfair? Die wunderbaren Experimente des Professors Charles gerieten in Vergessenheit. In den meisten Geschichtsbüchern ist nur von heißer Luft die Rede!

Was ist der Preis für unsere Ungeduld?

Angemerkt: Ein Blick über den Tellerrand

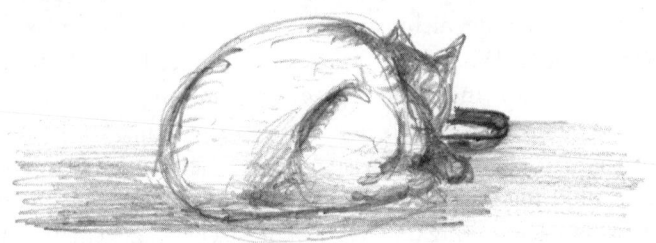

Was ist der Preis
für unsere Ungeduld?

86 Können Sie sich noch an Schallplatten erinnern? Wenn man sie auflegen wollte, glich es einem Ritual: das vorsichtige Auspacken, die sanfte Reinigung, das präzise Aufsetzen der Nadel. Während die Platte lief, durfte man nicht heftig auftreten, da die Nadel sonst aus der Rille sprang. Wenn man einen Titel auflegte, hörte man das Stück auch zu Ende, bevor die kostbare Scheibe anschließend wieder in die Hülle geschoben wurde. Schallplatten waren anfällig, und schon kleinste Kratzer führten zu einem unangenehmen Knacken. Sie waren zwar unpraktisch, doch die außergewöhnliche Fürsorge führte zu einer besonderen Beziehung zur eigenen Sammlung.

Meine Kinder kennen keine Schallplatten mehr. Sie gehören zur digitalen MP3-Generation. Vieles ist scheinbar einfacher geworden: Musik gibt es auf Knopfdruck, und wenn einem der laufende Titel nicht passt, springt man einfach einen weiter. Schneller Wechsel hat das Verweilen ersetzt, bereits beim kleinsten Indiz möglicher Langeweile wird umgeschaltet. Titel werden nach wenigen Takten abgewürgt. Junge Hörer und Fernsehzuschauer sind Meister der Fernbedienung. Seit Jahren sinkt die durchschnittliche Verweildauer der Zuschauer pro Fernsehsendung und lässt deren Macher verzweifeln. Die Medien stellen sich inzwischen darauf ein: Kurzweiligkeit ist angesagt, die klassischen Gesetzmäßigkeiten werden überholt, es gibt keinen »Anfang« und kein »Ende« mehr. Der

Quereinsteiger ist ungeduldig; wenn man ihm nicht sofort einen »Kick« serviert, ist er im nächsten Moment schon auf einem anderen Kanal.

Es scheint, als würde sich die Tradition des Wartens auflösen: Alte Liebesbriefe benötigten noch lange Reisezeiten, Urlaubsfilme wurden zum Entwickeln ins Geschäft gebracht, und es vergingen manchmal Wochen, bis man die Abzüge endlich zu Gesicht bekam. Das Warten war eine besondere Zwischenphase, eine sehnsüchtige Erwartung an die Zukunft, eine Verlängerung der Vergangenheit. Heute hingegen wird im Hier und Jetzt geknipst, gemailt und per SMS geflirtet. Wer Hunger hat, den beglückt die Mikrowelle mit einem Instantmenü. Warten gilt als verlorene Zeit, und so werden wir auf Autobahnen von rasenden LKWs überholt, die ihre Waren an eine ungeduldige Kundschaft ausliefern. Die Geschäfte kennen keinen Ladenschluss mehr. Sofort muss es sein, sonst kauft man woanders! Selbst Babys werden planbar: Immer häufiger werden sie per Kaiserschnitt entbunden.[43] Das Wunder des Lebens wird terminiert.

Der Preis für unsere Ungeduld ist hoch: Das Ereignis an sich wird reduziert, sowohl zeitlich als auch in der Intensität des Erlebens. Mit den sofort verfügbaren Urlaubsfotos ist der Urlaub schnell abgehakt, das Tiefkühlmenü betrügt uns um den Genuss des frischen Gemüses und der fein abgestimmten Gewürze. Instant ist die Abkürzung durch den Garten der Sinnlichkeit. Selbstgemachte Marmelade lebt vom Pflücken, vom Auswaschen und Säubern der Früchte, vom beschwerlichen Einkochen und Einfüllen. Wer all diese Stufen aktiv erlebt, hat später eine intensivere Beziehung zum Endprodukt. Jeder Löffel erinnert an den Entstehungsprozess. Das eigene Handeln und Erleben versüßt offenbar die Beziehung und macht das Endprodukt umso wertvoller. Selbstgemacht schmeckt eben besser!

Was tun wir gegen
den **Klimawandel?**

87 Immer wieder wird auf großen Tagungen und Gipfeln über das Schicksal unseres Planeten gesprochen. Unzählige Gesandte, Unterhändler, Medienvertreter, Lobbyisten und Aktivisten treffen sich in großen Konferenzzentren. Gesandte exotischer Inselstaaten warnen regelmäßig in die hungrigen Fernsehkameras: »Wir steuern auf eine Katastrophe zu, die Klimamaschine gerät aus dem Takt, apokalyptische Szenarien bahnen sich an ...«

Inzwischen wurden unzählige Protokolle, Prognosen, Berichte und Gutachten erstellt, und allein für das hierfür verbrauchte Druckpapier dürften unzählige Bäume gefällt worden sein. Auf den großen Pressekonferenzen, die vom medialen Blitzlichtgewitter erfasst werden, treten unbekannte Experten ans Mikrofon und warnen, dass die CO_2-Konzentration seit der industriellen Revolution von 280 ppm auf inzwischen mehr als 380 ppm angestiegen sei. Auf den heimischen Fernsehschirmen flimmern rauchende Kraftwerke und schmelzende Gletscher, und in Live-Schalten buhlen übernächtigte Journalisten um die Gunst der bekannteren Teilnehmer des Gipfels ...

Trotz aller Vorbereitung schachern am Ende die Großen der Welt in verschlossenen Hotelzimmern um symbolische Statements, und man beginnt sich zu fragen, ob solche Gipfel überhaupt das probate Mittel sind, um die Welt vor ihrem Untergang zu retten.

Apropos Gipfel: Vor einigen Monaten wanderte ich über die Gletscher des Pitztals. Bei sommerlichen Temperaturen erklärte mir ein kundiger Bergführer, wie dramatisch der Rückgang des Taschach-Gletschers sei. In seiner Kindheit reichte die Gletscherzunge noch bis tief ins Tal hinab. Wo einst meterdickes Eis alles überdeckte, stößt man heute auf riesige Geröllfelder. Das Abschmelzen erfolge immer schneller, meinte er, bald sei das Eis wohl ganz verschwunden. Gerade in den Alpen ließen sich die Folgen des Klimawandels sehr direkt beobachten.

Bei unserer Wanderung kamen wir an eingepackten Schneehängen vorbei, die an die Kunstwerke des Verpackungskünstlers Christo erinnerten: Ganze Berghänge werden im Sommer vorsorglich mit weißen Decken aus Polyester und Polypropylen überzogen, um so die Schneeschmelze einzudämmen. Die weiße Frischhaltefolie reflektiert das Sonnenlicht, doch trotz des Aufwands gibt es Zweifel am Nutzen.

Am Pitztaler Gletscher wurden bereits im Jahre 2005 Teilflächen von insgesamt sieben Hektar abgedeckt. In wissenschaftlichen Vergleichen mit allen Temperatur- und Niederschlagsparametern sowie der Sonnenintensität stellte sich heraus, dass unter dem Vliesmaterial pro Sommer gerade einmal etwa 1,5 Meter Schnee erhalten werden können.

Vor den einsetzenden Schneefällen im Herbst werden die Folien dann aufgerollt und gelagert.

Die Gletscherfrischhaltefolie ist jedoch kein Dienst an der gebeutelten Natur, sondern der verzweifelte Versuch, den drohenden Niedergang des Skitourismus in den Tiroler Alpen zu verhindern: Denn ohne Schnee würde die Wirtschaft der Region zusammenbrechen.

Wie sehr man sich um diesen Punkt sorgt, sollte ich wenig später auf unserer Wanderung erfahren: »Im Pitztal wird in diesem Jahr die modernste Kunstschneeanlage der Welt in

Betrieb genommen.« Der Bergführer zeigte auf ein dunkles Gebäude, und in seiner Stimme hörte ich eine seltsame Mischung aus Stolz und Unbehagen.

Natürlich sah ich mir die neue Schneefabrik an. Die Mitarbeiter schwärmten: »Die Technik stammt aus Israel,[44] und das Kühlprinzip wird in den heißen Stollen von Diamant- und Goldminen eingesetzt. Unser ›All Weather Snowmaker‹ schafft in 24 Stunden immerhin 950 Kubikmeter Kunstschnee.« Zum Beweis zeigte der Mitarbeiter auf einen gigantischen Schneeberg vor der Halle; der Probelauf habe einwandfrei funktioniert.

Im Innern des dunklen Baus standen riesige Behälter aus Edelstahl, das verzweigte Rohrsystem erinnerte mich an eine überdimensionale Milchfabrik. Das Prinzip funktioniere unabhängig von Temperatur, Luftfeuchtigkeit und Wind, selbst bei Plus-Temperaturen könne man hier reichlich Schnee entstehen lassen. Natürlich wolle man nicht im Sommer produzieren, denn es gehe darum, »die Philosophie der nachhaltigen ökologischen und ökonomischen Nutzung dieses einmaligen Skigebietes fortzuführen«.

Für mich stellte sich an diesem Tag die ganze Absurdität unserer Klimadiskussion dar: Einerseits sehen wir die schmelzenden Gletscher, andererseits bauen wir inmitten der sterbenden Naturkulisse Skilifte mit geheizten Kabinen und eine Schneefabrik, die mit ihrem Stromverbrauch von 500 000 Watt fleißig zur Klimaerwärmung und damit zur weiteren Gletscherschmelze beiträgt.

Auf großen Gipfeln wird bald erneut über den Klimawandel diskutiert werden, und abends an der Hotelbar schwärmt vielleicht so mancher vom tollen Schnee im Pitztal ...

Wie viel **Energie** verbrauchen unsere **Computer?**

88 Täglich lesen wir davon, dass wir Energie einsparen sollten, und oft denken wir dabei zunächst an die Heizung, das Licht oder an das Auto. Doch Computer werden zunehmend zu beträchtlichen Energieschluckern.

Immerhin zehn Prozent des Stromverbrauchs in Deutschland gehen auf die Informations- und Kommunikationstechnik zurück. Sie verursacht rund 33 Millionen Tonnen des Klimagases CO_2 pro Jahr.[45] Global betrachtet, produziert die Informationstechnik inzwischen etwa zwei Prozent des Ausstoßes von CO_2, so viel wie der Flugverkehr weltweit.[46] Und da wir immer mehr Computer nutzen und im Internet surfen, nimmt der Energieverbrauch stetig zu.

Allein die Herstellung eines PCs mit Monitor kostet knapp drei Kilowattstunden an Energie. Dabei werden rund 850 Kilogramm Treibhausgase freigesetzt, 1500 Liter Wasser verbraucht, und etwa 23 Kilogramm verschiedener Chemikalien fallen an! In manchen Computerbauteilen findet man Gold, Silber, Platin oder das sehr seltene Metall Tantal, das so begehrt ist, dass es deswegen im Kongo, wo es abgebaut wird, zu blutigen Konflikten kommt.

Das Arbeiten am PC schluckt ebenfalls jede Menge Strom, doch schon hier können Sie selbst entscheiden: Hochgezüchtete Spielecomputer mit schnellem Prozessor und leistungsfähiger Graphikkarte kommen bei häufiger Nutzung auf einen Stromverbrauch von mehr als 500 Kilowattstunden pro

Jahr. Das ist vergleichbar mit dem Stromverbrauch von fünf modernen Kühlschränken (100 Kilowattstunden)!

Oft laufen unsere Computer, WLANs und Drucker Tag und Nacht, obwohl sie nicht ständig benötigt werden. Allein das gezielte Ausschalten spart etwa 40 Euro Stromkosten im Jahr. Auch das Internet ist inzwischen zu einem gigantischen Stromschlucker geworden.

So verbraucht eine Google-Suche mit wenigen Mausklicks etwa vier Watt – so viel wie eine LED-Energiesparlampe in einer Stunde. Für eine Online-Auktion wird etwa so viel CO_2 freigesetzt (18 Gramm) wie beim Kochen einer Tasse Tee.

Nach seriösen Schätzungen lag der Stromverbrauch von Servern und Rechenzentren in Deutschland im Jahr 2008 bei 10,1 Terawattstunden. Um diesen Strom zu erzeugen, benötigt man vier (!) mittelgroße Kohlekraftwerke.

Beim Energiesparen blicken viele immer noch auf die klassischen Verbraucher wie Heizung oder Autoverkehr, doch in Sachen Energieverbrauch kann man beim Internet nur sagen: WWW = Weh, Weh, Weh ...

Warum sind
Feler manchmal gut?

89 Die Luft zischte, und es roch nach Öl. Das geschäftige Treiben in der kleinen Werkzeugmaschinenfabrik im indischen Chennai erinnerte mich an den Maschinenraum eines alten Schiffes. Beim Gang durch die Fertigungshalle begleitete mich der technische Leiter. Er schwärmte von neuen Geschäftsfeldern und großen Zukunftsplänen, doch das fast Mitleid erregende Keuchen einer großen Stanzmaschine übertönte unser Gespräch. Für jeden technisch mitfühlenden Menschen war die hohe Belastung der Maschine unüberhörbar. »Ja, sie ist in der Tat überfordert«, lächelte mich mein Begleiter an, »eigentlich bräuchten wir ein größeres Modell, doch das ist zu teuer. In regelmäßigen Abständen versagt sie, denn ...« – er griff in eine Schublade und zeigte mir ein kleines Zahnrad – »... die brechen unter der Belastung. Wir haben sie aber im Nu ausgetauscht, und dann läuft die Produktion wieder.« Was auf den ersten Blick fast wie technische Ignoranz wirkte, erwies sich als kluge Strategie: Das regelmäßige Austauschen der defekten Zahnräder war erheblich günstiger als der Kauf einer größeren Maschine. Statt auf eine teure, technisch perfekte Lösung setzte man hier auf kalkulierbare Fehler und lebte gut damit!

Ich habe seitdem oft an diese »indische Lektion« gedacht: Lerne, mit Fehlern zu leben, statt sie auszumerzen!

In vielen Hightech-Branchen blockiert unser Perfektionsdrang den Fortschritt. Das Problem wird immer akuter, denn je komplexer die Systeme werden, desto größer ist die Zahl ihrer Komponenten und damit der möglichen Fehlerquellen. Weltraumfähren, Teilchenbeschleuniger, Hochgeschwindigkeitszüge oder größere Computersysteme sind mahnende Beispiele. Ständig fallen sie aus, denn irgendwo im Labyrinth der technischen Apparate zeigt immer ein Modul eine Störung an und stoppt so den gesamten Ablauf. Manchmal blockieren Kleinteile, die nur wenige Euro kosten, den Betrieb milliardenteurer Investitionen. Natürlich versucht man mit Redundanz und Sicherungssystemen vorzubeugen, doch die absolute Fehlerfreiheit ist und bleibt eine Illusion.

Ein Ausweg ist der Schritt zurück zu einfachen Systemen: Die russischen Sojus-Trägerraketen wirken geradezu antiquiert im Vergleich zum amerikanischen Space Shuttle, doch sie funktionieren zuverlässig, und das seit Jahren. In vielen Branchen bemerke ich einen auffälligen Trend zurück zur Einfachheit. Viele Verbraucher sind überfordert mit den unzähligen Funktionen von Videorecordern, Handys oder Mikrowellen. Auch die überzüchtete Elektronik mancher Autos erweist sich als Irrweg. Ohne läuft es manchmal besser – weniger ist mehr! Ausgerechnet in der fortschrittlichsten Branche, der Software-Industrie, macht sich ein neues Denken breit:

Viele Software-Häuser geben ihre Programme frei, obwohl sie von »Bugs« (Programm- oder Softwarefehler) nur so wimmeln. Wären unsere Autos so fehlerhaft wie die frisch gelieferte Software, würden wir sie umtauschen und noch am Kauftag unser Geld zurückverlangen. Doch in der Computerwelt herrschen offensichtlich andere Spielregeln: Wir akzeptieren das unfertige Produkt und dulden die nachträgliche Flickerei in Form von »Updates« und »Patches«. Die dutzenden Downloads sind der Beleg: Der Fehler gehört zum Programm!

Warum ist **Perfektion**
manchmal hinderlich?

90 Es gab einen Knall, bläulicher Rauch stieg auf, und das wohlige Knattern des alten Motors setzte endlich ein. Stolz, mit verschmierten Händen, blickten wir auf das keuchende Gerät, das wir in den Tagen zuvor in seine Bestandteile zerlegt und wieder zusammengesetzt hatten. Der »Patient« lebte!

Das »Herumschrauben« war unsere Lieblingsbeschäftigung. Nichts war sicher vor meinem Bruder und mir, egal ob Motoren, Radios, Stereoanlagen oder Waschmaschinen. Alles wurde auseinandergenommen, bestaunt, begutachtet und dann mit dem Mut der Ahnungslosen »geheilt«. Diese Kultur des aktiven Bastelns und Bauens war typisch für unsere Generation. Laborkästen und Experimentiersets fanden sich auf vielen weihnachtlichen Wunschzetteln.

Ich erinnere mich noch, wie ich mit meinem Bruder nachsitzen musste, weil wir es gewagt hatten, am Schwarzen Brett in unserer Schule ein Gesuch für alte Radios anzubringen. Die Bestrafung wurde im Lehrerkollegium kontrovers diskutiert. Obwohl das Nachsitzen nicht zurückgezogen wurde, trösteten uns in den darauf folgenden Wochen wohlmeinende Lehrer mit unzähligen alten Röhrenempfängern. Einer meinte es besonders gut mit uns und überließ uns ein schweres Flippergerät der ersten Generation.

Dieser Apparat war für uns ein wahres Füllhorn: voll gespickt mit Relais, Spulen und blinkenden Lämpchen! Tagelang löteten wir die kostbaren Bauteile heraus und erweckten sie in anderen Geräten zu neuem Leben. Schließlich wuchs mit dem ständigen Auseinandernehmen und Zusammenbauen auch das konkrete Verständnis für Technik.

Diese Kultur des Reparierens hat sich inzwischen völlig gewandelt. Heute käme kaum ein Jugendlicher darauf, selbst Hand anzulegen an die heimische Stereoanlage, den Computer oder Papas Auto. Wenn überhaupt repariert und nicht gleich entsorgt und neu gekauft wird, bieten die modernen Aggregate kaum mehr Angriffsflächen. Unter den Motorhauben sind die verkapselten Innereien nur noch für Profis mit Spezialwerkzeug zugänglich, und selbst dort wird per Diagnosegerät inspiziert und ausgelesen, um anschließend auszutauschen.

Für die empfindlichen Motoren mag dieser Schutz vor selbsternannten Automechanikern ein Segen sein, doch für die experimentierfreudige Jugend kommt diese Sterilität unter der Motorhaube einer Kapitulationserklärung ihrer Neugier gleich. Die sinnliche, unmittelbare Erfahrung des »Begreifens« fehlt, und das engagierte Reparieren weicht zunehmend einem Austauschen und Wegwerfen: Verständnis wird durch Konsum ersetzt.

Dieser Trend zeigt sich überall: Wer näht noch selbst seine Kleider, wo dampfen die selbstgemachten Konfitüren, und wer züchtet noch seine eigenen Tomaten?

Die Perfektion unserer Produktionsprozesse hat die alten Manufakturen verdrängt, doch die zunehmende Spezialisierung hat ihren Preis: Gerade in der heutigen Zeit beklagen viele den mangelnden Nachwuchs in den technischen Disziplinen. Doch wo und wie soll sich das Feuer der Begeisterung entfachen? Technische Kreativität nährt sich auch aus dem mutigen Bewusstsein, selbst eine Lösung erschaffen zu können. Der Geruch von Motorenöl und der Dunst des Lötfetts sind die Einstiegsdrogen für Techniker und Ingenieure. Doch die zunehmende Komplexität führt zu einer Entfremdung. Die Einstiegsschwellen sind zu hoch für die jugendliche Neugier!

Leiden wir unter zunehmendem
Realitätsverlust?

91 »Du hast den Flieger verpasst, während du am Gate gewartet hast? Wie geht denn sowas?«, fragte mein Sohn fassungslos, als ich zu Hause anrief, um meine Verspätung anzukündigen. Doch, man hatte mich ausgerufen, sogar mehrmals, der Flugbegleiter vor Ort hatte mich sogar erkannt, aber ich schien so vertieft in ein Telefonat, dass er glaubte, es müsse von hoher Dringlichkeit sein und ich zöge es vor, am Boden zu bleiben. Schließlich müsse man doch merken, wenn alle um einen herum aufstehen und zum Einsteigen gehen.

Nicht nur die Wartehallen in Flughäfen gleichen inzwischen einem skurrilen Kabinett. Fast alle Passagiere sind geistig abwesend, vertieft in Gespräche mit der Außenwelt, oder dabei, die Rädchen ihrer BlackBerrys zu drehen und E-Mails zu beantworten. Manche sehen aus, als ob sie wilde Selbstgespräche führten. Sie laufen dabei auf und ab und gestikulieren wie Geisteskranke. Erst beim näheren Hinschauen entdeckt man dann den Knopf im Ohr.

Unsere Gesellschaft taucht zunehmend ab in ein Universum der Illusionen: Handys, Internet, Fernsehen. Die künstliche Wirklichkeit gewinnt immer mehr an Raum, und die virtuelle Abwesenheit hat sich in unseren Alltag geschlichen. Wo ist die Realität? Wo ist das Hier und Jetzt geblieben in einer Welt, in der jedes Individuum von einer digitalen Wolke umgeben scheint?

Unzählige Studien belegen, dass Handys und Laptops mehr und mehr an Bedeutung gewinnen. Das Ergebnis ist ein nie dagewesener Realitätsverlust. Jugendliche investieren inzwischen einen großen Teil ihrer Zeit in die Arbeit an Online-Profilen, legen Alben an, um damit im Netz zu glänzen. Der Auftritt im Netz wird immer wichtiger, denn häufig findet eine Begegnung in der Realität gar nicht oder erst sehr spät statt. Und natürlich stammen auch die Vorbilder aus dieser virtuellen Welt.

Die ständige Konfrontation mit solch künstlichen Bildern treibt sonderbare Blüten. Innerhalb weniger Jahre haben sich die Schönheitsideale unserer Gesellschaft gewandelt: Die Titelbilder der Magazine werden konsequent retuschiert und digital geglättet, und die strahlenden Schönheiten werden zu solch einem Grad nachbearbeitet, dass sie nur noch wenig Ähnlichkeit mit der lebenden Vorlage haben. Alles ist machbar!

Aber nicht nur auf dem Papier wird aufgehübscht und geradegebogen. Die ästhetische Medizin erhält immer mehr Zulauf: Anti-Aging, Fettabsaugen, Färben, Straffen und Richten. In den USA spricht man vom »bodyshaping«. Am Ende sollen wir dann so aussehen wie die Vertreter der Scheinwelt. Kinderzähne werden mit Zahnspangen gerichtet, obwohl es keine medizinische Notwendigkeit dafür gibt, pubertierende Mädchen tragen Push-ups, weil sie so aussehen wollen wie ihre Fernsehidole, und ihre Freunde schlucken zweifelhafte Pillen, damit der Muskelaufbau auch ohne hartes Training beeindruckt. Manager joggen bis zur Erschöpfung, und betuchte Damen zahlen viel Geld für fragwürdige Vitalisierungskuren, denn Werbespots suggerieren, dass nur der Fitte erfolgreich sein kann, und ignorieren Gebrechlichkeit und Schwäche.

Selbst seriöse Nachrichtensendungen erliegen der künstlichen Versuchung und verkennen, dass artifizielle Studiokulissen am Gefühl für Echtheit nagen. Der Fortschritt beglückt uns laufend mit neuen Möglichkeiten, und das technische Spiel ist voller Reize. Doch auf Dauer müssen wir in unsere Wirklichkeit zurückfinden. Fehler und Schwächen sind kein Makel, sondern ein Indiz für Menschlichkeit und ein untrüglicher Beleg unserer Einzigartigkeit.

Warum lieben wir
exotische Kulturen?

92 Nomen est omen. Namen sind Vorboten, und ob wir es wollen oder nicht, allein unser Name erzeugt beim Gegenüber unwillkürliche Assoziationen. Manchen haftet gar ein Hauch von Magie an. Nicht ohne Grund verpassen Sekten ihren irrenden Seelen sogar neue Namen, so dass aus einer Babette Müller plötzlich eine erleuchtete Swami Devi wird.

In den Ohren mancher Esoteriker ist mein indischer Nachname hierzulande eine strahlende Hoffnung, auf dass das Mystische und Geheimnisvolle siegen mag in unserer desillusionierten Welt der Aufklärung. Natürlich unterstellt man mir gerne, dass ich in asketischer Konzentration wahre Yoga-Wunder vollbringen kann und mit den geheimnisvollen Heilmethoden eines vergessenen alten Indiens vertraut bin. Der Name verpflichtet, doch ich bitte um Nachsicht. Ein Herr Müller ist wohl auch nicht zwingend Experte in Sachen Mehlproduktion!

Vor kurzem begegnete ich meinem Namen auf der Seite eines deutschen Internetportals für Ayurvedaprodukte, und zwar in Form eines Gelenköls.[47] Ein »Yogeshwar-Öl« für die kalte Jahreszeit! Die Versprechungen des Herstellers sind vollmundig: »Für Menschen im reiferen Alter ist YOGESHWAR geradezu unabdingbar, um deren Gesundheit zu erhalten [...] Schließlich verleiht YOGESHWAR dem Körper jugendliche Frische und Energie.«

Ehrgeizige Jungmanager bleiben zwar bei ihrem Namen, doch in abendlichen Exerzitien üben sie sich in der Kunst von Kung-Fu, Wushu oder der Kampfkunst des Taijiquan, die, so betonen sie gerne, eine erfüllende Brücke zwischen Körper und Geist sei. Einsame Frauen wirken plötzlich interessanter, wenn sie sich nach Feierabend dem Qigong hingeben, nachdem sie auf dem Bürocomputer die Überweisungen des Vortags geprüft haben. Durch die Konzentration ihrer Gedanken und Regulierung ihres Atems hoffen sie Krankheiten zu heilen und physiologische Funktionen zu stärken.

Scheinbar alte Traditionen werden gerne als Ausgleich für die hektische westliche Welt missbraucht. Immer wieder stoße ich auf Geschäfte, die alte indische Weisheiten anpreisen und wenn ich eintrete, erfahre ich im Klang heller Glöckchen von magischen Kristallen und heilenden Düften – alles angeblich Bräuche des Orients. Obwohl ich einige Jahre in Indien lebte, sind mir derartige Wunderrequisiten nie begegnet, doch wer weiß, vielleicht habe ich sie auf dem schillernden Subkontinent übersehen ...

Vor einigen Jahren stieß ich auf etwas ausgesprochen Skurriles: Hopi-Ohrkerzen[48]. Diese gehen angeblich auf die uralte Tradition der Hopi-Indianer zurück, so jedenfalls wird damit geworben. Diese Gruppe der Pueblo-Indianer bewohnte einst die rötlichen Plateaus im Gebiet des Grand Canyon. Als friedliche Bauern führten sie ein unbeschwertes Leben im Einklang mit Geistern und Göttern, bis sie im 16. Jahrhundert von den Spaniern missioniert und massakriert wurden. Erst Jahrhunderte nach diesem Massenmord begannen sich die Urenkel der einstigen Täter für die Kultur der Ausgelöschten zu interessieren.

Die Hopi-Kultur, so wird behauptet, sei ein Füllhorn heilender Rituale und zeitloser Weisheiten. Bei den Hopi-Kerzen hatte ich jedoch meine Probleme: Es handelt sich um etwa 30

Zentimeter lange Kerzen aus Bienenwachs, Johanniskraut, Kamille und weiteren Ingredienzien, die man seitlich liegend ins Ohr steckt und anzündet! Durch die brennende Kerze entsteht angeblich ein Kamineffekt, der das Ohr entlastet und gegen Kopfschmerzen und Durchblutungsstörungen helfen soll.

Die heilenden Hopi-Kerzen grenzen offenbar an ein Wunder, denn meine Recherchen ergaben, dass zumindest die medizinische Wirkung nachweislich umstritten ist. Sich brennende Kerzen in die Ohren zu stecken erschien mir so absurd, dass ich dem Stamm der Hopi-Indianer einen längeren Brief schrieb und mich nach diesem sonderbaren Brauch erkundigte. Ein paar Tage später erhielt ich eine ausführliche Antwort vom »Vice-President« der Hopi-Indianer. Dieser stellvertretende Häuptling klärte mich darüber auf, dass es in keiner Phase der Stammesgeschichte eine Ohrkerzen-Tradition in seiner Kultur gegeben habe. Die Wunderkerze sei bloß ein Konstrukt westlicher Geschäftemacher, da habe man sich etwas zusammengesponnen, das in aller Klarheit nicht das Geringste mit der Tradition seines Stammes zu tun habe. Er bedankte sich in seinem Schreiben mit der Bitte, man möge sein ohnehin so geschundenes Volk von derartigem Hokuspokus fernhalten. Fest steht also: Hopi-Kerzen sind Humbug, doch warum geistern solche Konstruktionen durch unseren aufgeklärten Alltag?

Die Namen alter Kulturen haben sich offensichtlich zu Projektionsflächen unserer Hoffnungen entwickelt. Hopi, Ayurveda, Zen ... Ein ganzes Arsenal wirkungsloser Diäten, Körperübungen und Entspannungstherapien wird schamlos mit dem Verweis auf uralte Traditionen an den Mann und an die Frau gebracht. Essenzen, Salben, Öle und allerlei Duftstäbchen werden mit wohlklingenden exotischen Namen für exorbitante Preise angeboten und mit frei erfundenen Gebrauchsanweisungen versehen. Ein »Yogeshwar-Öl« fördert genauso wenig die Ausgeglichenheit der Seele wie »Hopi-Kerzen« es tun. Würde jemand Ihnen 200 Gramm ausgelassene Butter im Glas für 24 Euro verkaufen, würden Sie nicht lange zögern und ihn als Wucherer und Abzocker verschmähen, doch beim Wohlklang von »Ashwagandha Ghee«, was in der Tat nichts anderes als ausgelassene Butter ist, sind unsere kritischen Sinne wie gelähmt.

Vielleicht verbirgt sich ja dahinter ein kollektives Schuldgefühl. Wir wollen anders sein als unsere ignoranten Urgroßväter, die vor Jahrhunderten andere Kulturen ausbeuteten und versklavten. Statt die Tempel zu achten und den Gesängen der Eingeborenen zu lauschen, pflanzten sie hemmungslos Bananen und Tee an und durchpflügten die heiligen Böden nach verwertbaren Rohstoffen. Der Boom exotischer Heilslehren ist womöglich eine unbewusste Wiedergutmachung historischer Fehler. Vielleicht tauchen so allmählich die verschreckten Geister vergangener Kolonien wieder auf im Duft von Rosenwasser, Sandelholz und heilenden Ölen. Atmen Sie tief ein – ohne Angst.

Wohin führt die digitale Durchsichtigkeit?

93 »Big Brother is watching you!« Als George Orwell im vergangenen Jahrhundert seine Vision eines Überwachungsstaates zeichnete, war der Verlust der Privatsphäre gleichbedeutend mit dem Ende von Freiheit und Demokratie. Die totale Kontrolle des Bürgers, die lückenlose Protokollierung seiner Aktivitäten oder das Aufzeichnen seiner Gespräche gelten heute als Instrumente von Diktaturen und Überwachungsstaaten. Im Gegensatz zu totalitären Regimes gestehen Demokratien den Menschen Freiräume zu und vertrauen bewusst auf blinde Flecken.

Als angehender Journalist erlebte ich, wie sich 1987 viele Menschen gegen die damalige Volkszählung wehrten. Auch das Vernetzen von Computerdaten in Betrieben löste anfänglich noch heftige Diskussionen aus. »Datenschutz« und »informationelle Selbstbestimmung« beschäftigten unzählige Beamte, und die Weiterleitung persönlicher Daten wurde fast als krimineller Akt empfunden: »Meine Daten gehören mir – Volkszählung – Nein danke!«

Inzwischen hat sich vieles verändert: Wir haben uns längst daran gewöhnt, dass Kameras unseren Weg zum Bahnhof säumen oder Sensoren regelmäßig unsere Autokennzeichen erfassen. Wie selbstverständlich zücken wir neben Kreditkarten auch Payback- und Bonuskarten und erlauben, dass man für ein paar Prozent Rabatt unsere Kaufgewohnheiten erfasst. Wir übersehen kleingedruckte Geschäftsbedingungen und willigen per Mausklick ein, dass unsere elektronische Post nach Schlüsselwörtern durchsucht wird. Für den kostenlosen Account opfern wir das Briefgeheimnis. Das Internet durchlöchert die Privatsphäre, denn ahnungslose Nutzer offenbaren ihre intimsten Geheimnisse in Foren und Chatrooms, ohne die geringste Kenntnis darüber, wer da noch alles mitliest. Der praktische Nutzen und die Faszination elektronischer Landkarten machen uns zu Voyeuren, die mit Zoomperspektive in versteckte Hinterhöfe blicken. Neue Bekanntschaften werden »gegoogelt«, binnen Sekunden durchforsten wir eine Vielzahl elektronischer Akten und lesen gierig in der Vergangenheit des anderen. Jugendsünden, Fotos in Ausnahmesituationen oder saftige Dialoge aus Foren wie SchülerVZ oder Facebook enttarnen das wahre »Ich« des Fremden.

Eine befreundete Kollegin zeigte einer verblüfften Schulklasse Bilder und Texte der Schüler, welche sie zuvor im Internet recherchiert hatte. Bei dieser Lektion begriffen die Kids endlich, dass das Netz keine Geheimnisse für sich behält.

Die moderne Technik ist zwar praktisch, doch wir bemerken nicht, welchen Preis wir dafür zahlen. Schleichend etabliert sich eine Kultur der Kontrolle und Transparenz. Jeder von uns wird dabei gleichermaßen zum Täter und zum Opfer: Wir bespitzeln und werden bespitzelt. Mal ist das Motiv ein kommerzielles, mal ist es Neugier. In vielen Staaten beflügeln die neuen Hilfsmittel die Verantwortlichen zu einer nie dagewesenen Kontrollsucht, die die Basis unserer Demokratie angreift und langfristig zum Nährboden für Diktaturen werden könnte. Vielleicht kehrt sich dann der alte Spruch eines Tages um zu: »Kontrolle ist gut – Vertrauen ist besser ...«

Wie **wild** ist die **Natur?**

94 Es verspricht ein aufregender Tag zu werden – auf Safari, mit dem Jeep durch den Urwald. Eine sehr bequeme Art, die Wildnis zu erkunden. Der Wildhüter hat uns von Elefanten und Tigern vorgeschwärmt. Noch gestern habe man eine Elefantenkuh mit ihrem Baby gesichtet. Der Nationalpark von Nagarhole zählt zu Indiens letzten Urwäldern, eine phänomenale Kulisse am Kabinifluss, ein letzter Rest unberührter Natur, wie aus der Welt des Dschungelbuchs.

Bereits um fünf Uhr morgens soll es losgehen. Gerade die ersten Morgenstunden sind günstig, denn in der Trockenzeit kommen dann viele Wildtiere zum nahen Fluss ...

Meine Kinder sind aufgeregt, doch wir sind nicht allein. Etwa ein Dutzend weiterer Touristen haben dieselbe Tour gebucht, und ihr Anblick verunsichert uns: Männer und Frauen in modischer Bekleidung, mit unpassendem Schuhwerk, Chipstüten und Limonadenflaschen. Andere wiederum tragen schwere Kameraausrüstungen mit sich und prahlen mit immensen Teleobjektiven. Kleine Kinder quengeln und werden mit rasselndem Spielzeug beruhigt. Die bunte Gruppe besteigt einen offenen Geländebus, und nach einer kurzen Ansprache des Guides fahren wir in Richtung Urwald.

Die Straße wird schlechter, am Rand glänzen Mülltüten und Abfall. Nach einer halben Schüttelstunde erreichen wir die Einfahrt in den Park, wenige Minuten später bleibt der Bus stehen: »Oh ...!«

Im Gebüsch entdecken wir eine Herde Rotwild. Kameras summen, die Stille der Natur wird mit allerlei Kommentaren zerstört. Die Herde äst weiter und nimmt kaum Notiz davon. Weiter geht's. Erneut Rotwild, doch der Bus setzt seine Fahrt fort. Tüten knistern, Frauen plappern, ein Jugendlicher spielt mit seinem Handy. Vom feinen Zirpen der Insekten und den fernen Lockrufen exotischer Tiere bekommen wir nichts mit. Andere Safaribusse überholen uns, die Insassen winken – und auch dort Chipstüten und Kameras.

An diesem Morgen fahren wir an Affenherden und indischen Bisons vorbei, während wir aus den Baumkronen von bunten exotischen Vögeln beobachtet werden. Kurzes Anhalten, Knipsen und weiter. Am Flussufer dann eine Elefantenkuh mir ihrem Nachwuchs. Davor parken ein halbes Dutzend Busse. Von »Wildnis« zu sprechen scheint beim Anblick der kichernden Zuschauerschaft absurd. Nach fünf Minuten schwindet das Interesse der Touristen. Die Fotos sind gemacht. »Hat noch jemand Durst?«

Wir fahren weiter, passieren einen balzenden Pfau und etliche Rotwildherden, die kaum jemanden zu interessieren scheinen. Der Guide blickt auf die Uhr. Der Bus fährt an Termitenhaufen und blühenden Sträuchern vorbei. Den Tiger bekommen wir an diesem Vormittag nicht zu sehen. Manche Touristen sind enttäuscht: »Wir haben doch mit Tiger gebucht!« Der Urwald ist übersät mit tiefen Fahrspuren, und an manchen Stellen riecht es nach Autoabgasen. Es dürfte nicht mehr allzu lange dauern, bis man eine Straße hindurch baut. Vielleicht gibt es dann sogar kleine Restaurants mit Souvenirshops, Eisdielen und bunten Luftballons. Für ein paar Euro könnte man bunt bedruckte T-Shirts kaufen mit der Aufschrift: »Rettet die Natur!«

Warum sind **Computerspiele**
so gefährlich anziehend?

95 In vielen Kinderzimmern ist es verdächtig ruhig geworden. Kein Geschrei, kein Poltern und Toben, keine laute Musik oder lachende Freunde. Doch die Ruhe täuscht: Unsere Kinder führen Kriege gegen künstliche Wesen, chatten mit »Freunden« oder laden Videos aus dem Netz, die für Kinderaugen nicht unbedingt geeignet sind. Computer und Internet sind neu im Spektrum der Erziehung, und immer öfter suchen verzweifelte Eltern nach einem vernünftigen Umgang damit. Ein Internetverbot wird von jungen Leuten als besonders harte Strafe empfunden, denn der Computerentzug löst Wutanfälle und Trotzreaktionen aus. Immer mehr Eltern sind ratlos und kapitulieren vor dem ewigen Problem »Computer«.

Noch vor zehn Jahren besaßen die wenigsten Jugendlichen Handy, MP3-Player, Spielkonsolen, Computer oder Internetanschluss, doch über Nacht wurde das Familienleben von einem neuartigen elektronischen Arsenal unterwandert. Ein Haushalt mit Jugendlichen zwischen 12 und 19 Jahren zeichnet sich durch eine beachtliche Medienausstattung aus: Praktisch alle Haushalte verfügen über Fernseher, Mobiltelefone, Computer und Laptops. Mit 95 Prozent sind fast alle Haushalte online.

In virtuellen Gemeinschaften wie Facebook oder SchülerVZ platzieren kleine Mädchen gewagte Selbstportraits und sammeln mit einem Mausklick »Freunde«, die sie nie wirklich zu

Gesicht bekommen. Sie tauschen sich mit anderen aus, doch ihren Eltern bleibt der virtuelle Freundeskreis verborgen. Natürlich machen das »alle« – doch muss man selbst im digitalen Strudel enden?

Längst haben sich Altersbeschränkungen in Luft aufgelöst, denn unsere Kinder tauschen munter Silberscheiben und besuchen mit großer Neugier die hässlichsten Internetseiten. Natürlich, so die Betreiber, sollten Eltern einen Blick darauf werfen, doch seien wir ehrlich: Die Medienkompetenz der meisten Eltern endet auf dem Niveau elfjähriger Kids. Für gewiefte Jugendliche sind Filter und Zugangssperren eine leicht zu nehmende Hürde.

Junge Menschen sind ein besonders attraktives Klientel, und schon längst haben pfiffige Spielbetreiber ihre junge Kundschaft eingeschworen: Das Online-Spiel »World of Warcraft« bescherte in den vergangenen Jahren dem US-Unternehmen Blizzard einen Rekordumsatz von mehr als einer Milliarde US-Dollar. »World of Warcraft« nutzt ein wirkungsvolles Bindungsmodell: Für etwa zehn Euro pro Monat, ein zu bewältigendes »Taschengeld«, können die Spieler in ein virtuelles Reich eintreten. In »Gilden« verbünden sie sich mit anderen Spielern, erobern dann neue virtuelle Tempel und Täler, stärken sich durch das »innere Feuer des Priesters« oder den »Kampfrausch des Schamanen« und verbessern ihren Status. Wer ungeduldig ist, kann sich sogar via eBay Charaktere kaufen, um so gestärkt in die Spielewelt zu entfliehen! Für Accounts und Charaktere werden mehrere Hundert Euro bezahlt!

»World of Warcraft« kennt kein Ende, denn auf jede Herausforderung folgt eine neue. Ein fünfzehnjähriger Belgier fiel sogar ins Koma, weil er nicht mit dem Spielen aufhören konnte.[49] Natürlich gibt es inzwischen »elterliche Freigaben«, aber natürlich wissen die Kids auch, wie man jene umgeht!

Eine Studie der Universität Koblenz-Landau[50] attestiert, dass 11,3 Prozent der Befragten ein »pathologisches Computerspielverhalten« aufweisen. Die Betroffenen zeigen eine Präferenz für das Online-Spiel »World of Warcraft«. Dieses Spiel, so die Studie, sei bekannt für seine Zeitintensität. Monatlich anfallende Gebühren, die leichte Verfügbarkeit, »Verpflichtungen« innerhalb der Gilde sowie das Fortlaufen des Spielgeschehens bei Abwesenheit des Spielers erzeugten eine starke Spielbindung, weshalb diesem Spiel oftmals ein Suchtpotenzial zugesprochen wird. Stolz verkündet indes der Hersteller auf seiner Internetseite, dass dem Spiel bereits über zehn Millionen Abonnenten verfallen sind.

Wahrscheinlich ist die Entwicklung zu rasch, und keiner der Verantwortlichen traut sich zu handeln. Mit medial aufgebauschten Selbstbeschränkungen und verständnisvollen Worten versuchen die Betreiber Verbote und Einschränkungen zu umgehen, eine Taktik, die im Spiel »Kiting« genannt würde: Hierbei bleibt ein Spieler durch kontinuierliches Weglaufen außer Reichweite eines Feindes, während er diesem gleichzeitig Schaden zufügt.

Bei aller Faszination für Technik sollte der Fortschritt uns stets mit einem Mehr an Freiheit beschenken, statt uns in eine trostlose Abhängigkeit zu locken. Wenn das Produkt von klugen Köpfen und kreativen Designern zur abstumpfenden Sucht meiner Kinder führt, hört für mich das Spiel auf.

Warum sind Funklöcher so wohltuend?

96 Inmitten des persönlichen Gesprächs geht er dennoch ans Telefon: »Verzeihung!«, und erneut habe ich im Wettstreit mit dem entfernten Anrufer verloren. Obwohl ich meinem Gegenüber physisch näher stehe, ihm in die Augen sehen kann und wir soeben einen interessanten Gedanken austauschten, siegt das Telefon! Von diesem Zeitpunkt an höre ich Antworten auf unbekannte Fragen und mühe mich, aus Höflichkeit wegzuhören. Ich staune über die Offenheit, mit der Personalprobleme diskutiert oder Geschäftsinterna erörtert werden. Wenn ich Glück habe, geht es schnell, ansonsten vergehen zähe Minuten einer neuen Form von Einsamkeit: Ich befinde mich in einer Warteschleife, bei der ich nicht auflegen kann. Das stumme Danebenstehen ist mir unangenehm, und wenn mein abwesendes Gegenüber dann noch anfängt, über belanglose Dinge zu quasseln, bin ich endgültig sauer. In Träumen stelle ich mir dann vor, einfach wegzugehen, doch täte ich es, bin ich mir nicht einmal sicher, ob er dieses überhaupt bemerken würde. Ich ertappe mich sogar, wie ich in meiner Vorstellung wütend den Vieltelefonierer anschreie: »Hallo – hier ist die Wirklichkeit!«, und ihm sein glänzendes Kästchen entreiße: »Du hörst jetzt hier zu. Basta!« Nein, so mutig war ich bislang nicht, und so warte ich geduldig, bis es nach dem Auflegen mal wieder heißt »Verzeihung; ... wo waren wir gerade stehen geblieben?«

Das direkte Gespräch, in der modernen Sprache »face to face«

genannt, wird zunehmend bedroht, denn das sofortige Reagieren auf klingelnde Telefone gleicht einer Absage an die Kraft des Realen. In solchen Momenten lautet die versteckte Botschaft: Mein Telefon ist wichtiger als du.

Einige meiner Bekannten sind so süchtig nach ihren elektronischen Verbindungen, dass sie sogar hemmungslos in Restaurants, auf Skipisten oder beim abendlichen Zusammensein auf ihre winzigen Bildschirme starren. Ihr andauerndes Reagieren auf vibrierende Kistchen macht sie zu Notfallärzten einer kranken Geschäftswelt, die anscheinend sofort Hilfe benötigt. Doch die Patienten sind meist gelangweilte Kollegen, die bei Autofahrten oder Flugverspätungen die »tote« Zeit mit ebenso belanglosen Gesprächen auffüllen.

Die Stille der Unerreichbarkeit scheint ihnen so unerträglich zu sein, dass sie ihre Autos mit Freisprecheinrichtungen in fahrende Telefonzellen verwandeln und das Gegenüber hemmungslos fünf Mal hintereinander anrufen: »Verzeihung – die Funklöcher!«

Vielleicht wendet sich das Blatt, denn in Restaurants, Konferenzen und Flughäfen höre ich mittlerweile immer häufiger den Satz: »Ich kann jetzt nicht!«

Anruf unerwünscht in Zeiten der Dauererreichbarkeit. Bei aller Kritik gestehe ich ehrlicherweise, dass auch ich mich öfter in der Welt der Mobiltelefone verliere. (Siehe Kapitel 91: Leiden wir unter zunehmendem Ralitätsverlust?) Doch ich beginne zu lernen und übe mich darin, dem kleinen Apparat nicht immer den Vorzug zu geben.

Vielleicht eine erste Einsicht? Der konsequente zweite Schritt wäre ein Kappen der elektronischen Nabelschnur, also das Einschalten der Mailbox mit der Nachricht: »Der Teilnehmer ist nicht erreichbar.« Und wer weiß, vielleicht heißt es irgendwann: »Der Teilnehmer hat sich derzeit für die Wirklichkeit entschieden!«

Lässt sich unser
Geschmackssinn täuschen?

97 Es wird püriert, geschnitten und gerieben, dann leicht angebraten und am Ende noch mit einer Prise Himalaya-Salz veredelt. Großaufnahme, Applaus. Kochen ist in! Auf allen Fernsehkanälen präsentieren angebliche Meisterköche ihre Kunst, staunende Studiogäste schmecken anschließend die kleinen Probeportionen ab und sind entzückt von dem so anderen Geschmack. »Einzigartig, toll, fein, exquisit, und dann noch diese leicht säuerliche Note ...!« Küchenschlachten und Kochduelle haben den Bildschirm inzwischen erobert, und Heerscharen von Zuschauern suchen Entspannung bei den Darbietungen der Chefs. Kolumnen und Internet-Blogs behandeln auch die kleinsten Feinheiten der Casserole. Wer sich auf den Weg macht, hat noch viel zu lernen: von ein- und mehrfach ungesättigten Fettsäuren oder von den so wichtigen Polyphenolen, die als Antioxydantien sehr gesund sind, halten sie doch unsere Blutgefäße elastisch. Die Zahl der Gourmetrestaurants ist mittlerweile explodiert, und in groß inszenierten Events beglücken die Götter in Weiß ihre gut zahlende Kundschaft. Wem der Genuss im edlen Restaurant nicht reicht, kann auch ein abenteuerliches Drei-Sterne-Picknick buchen, Helikopterflug inklusive. Hoch lebe der gute Geschmack!
Neben den medialen Gaumenfreuden zeigt sich jedoch ein ganz anderer Trend: Fastfood, Imitate und Mikrowellenpampe. Billig muss es sein, und schnell muss es gehen, denn in der

Geschäftigkeit des Alltags spielt das Essen – im Gegensatz zu den TV-Shows – oft eine Nebenrolle. Mit einem stattlichen Arsenal an Zusatz- und Geschmacksstoffen wird uns ein fertiges Menü verkauft, das im Nu zubereitet ist: Heißes Wasser drauf, umrühren und guten Appetit. Analogkäse ziert die Pizza, der flockige Milchreis ist in Wahrheit eine matschige Brühe, und die krossen Fleischstücke auf der Verpackung, die unseren Appetit so anregen, sind in der geöffneten Schale nicht mehr auffindbar. Erst nach genauem Studium der aufgedruckten Zutatenliste zeigt sich, womit da gerne nachgeholfen wird.

Allein um die Verarbeitung zu erleichtern oder die Konsistenz und Haltbarkeit zu verbessern, benutzt man 319 (!) zugelassene Lebensmittelzusatzstoffe. Die Hersteller greifen im Kampf mit den Verbraucherorganisationen auf absurde Formulierungstricks zurück: So musste ich lernen, dass in einem Pudding mit dem Aufdruck »Vanilla« nach den geltenden Buchstaben des Gesetzes kein Gramm Vanille enthalten sein muss. Dieses Dessert gibt ja nicht vor, ein Vanille-Pudding zu sein! Alles klar?

Bunte Riesengarnelen erweisen sich plötzlich als reines Kunstprodukt aus gepresstem Fischmehl, und auch die oft beschworene »Piemontkirsche« gibt es in Wahrheit gar nicht, sie ist eine Blüte pfiffiger Marketingexperten.

Die Palette an künstlichen Lebensmitteln, die inzwischen auf unseren Tellern landen, zeigt Wirkung: In einem Test baten wir Passanten darum, zwischen einem echten Fruchtjoghurt und einem Kunstjoghurt zu wählen. Auch Schinken und Schafskäse gab es bei unserem Experiment in beiden Versionen: Original und Imitat. Das Ergebnis war ernüchternd, denn der einen Hälfte der Tester schmeckte der künstliche Joghurt besser als das Original, und beim Schafskäse entschieden sich sogar zwei Drittel für das Imitat. Unser Gaumen hat sich inzwischen an die Vielzahl der Geschmackstäuschungen gewöhnt, und häufig können wir noch nicht einmal mehr zwischen natürlich und künstlich unterscheiden. Ist diese Geschmacksverirrung womöglich in unserer Kultur verankert?

Wir wiederholten das Experiment in Frankreich, der Heimat der Haute Cuisine, doch auch dort lässt sich der Geschmack gerne täuschen. Vielleicht liegt es ja an uns Laien – Experten schmecken anders, oder? Auch das haben wir überprüft: Ein begnadeter Chemiker mixte uns einen »Wein«, der eines garantiert nicht enthielt: Trauben. Mit diesem chemischen Aromacocktail stellten wir ausgewiesene Weinkenner auf die Probe, die prompt auf den Kunstdrink hereinfielen und sogar sein Bouquet und den reichen Abgang lobten.

Ich könnte noch einiges über die »Nouvelle Cuisine« verraten, doch ich muss Schluss machen, denn gleich kommt Schwiegermutter vorbei und macht uns Hefeküchlein. Selbstgemacht, und der Fernseher bleibt aus!

Warum brauchen wir
immer Ausreden?

98 Der Zug ist wieder einmal verspätet. Es ist 6:24 Uhr. Auf dem Bahnhof schweigen die Reisenden – Geschäftsleute, Pendler und Frühaufsteher. Manche frösteln in der Morgenkälte, andere wirken abwesend oder blicken verloren auf ihr Handy. Dann die Durchsage: »Verehrte Fahrgäste: Auf Gleis 3 ...« Was folgt, ist der routinierte Versuch einer Erklärung für die Verspätung. Einmal heißt es »wegen Verzögerung im Betriebsablauf«, einmal »Betriebsstörung«, beliebt sind auch »Bahnübergangsstörung« oder »hohes Streckenaufkommen«. Kopfschütteln bei den Wartenden. Die schweigenden Einzelgänger beginnen plötzlich miteinander zu sprechen. Immerhin: Die Ausrede aus dem Lautsprecher fördert die Kommunikationsbereitschaft.

Einige Kilometer weiter warten andere Passagiere im beengten Flugzeug auf den Start, und auch hier serviert man ihnen offizielle Gründe für die Verzögerung. Schuld sind »der überfüllte Luftraum über Frankfurt«, eine »technische Überprüfung der Triebwerke« oder »die verspätete Ankunft des Flugzeugs aufgrund des schlechten Wetters in Sankt Petersburg«. Bemerkenswert – oder? Sie verpassen Ihren Termin in München wegen des schlechten Wetters in Sankt Petersburg!

Seit dem Frühjahr 2010 wurde die Palette der Erklärungen um ein neues Element ergänzt: Vulkanasche aus Island! Internationale Konferenzen wurden abgesagt, Produktionen gerieten ins Stocken, und wichtige Entscheidungen wurden vertagt, weil sich, weit weg von allem, ein Vulkan Luft verschaffte.

Der Eyjafjallajökull erwies sich als die übersehene Achillesferse unserer modernen Industrienationen. Wer hätte bis dahin geglaubt, dass die Getriebeproduktion der deutschen Automobilindustrie, der Umsatz der Floristen in Münster oder die Popularität bayerischer Verkehrsminister in solch direkter Abhängigkeit zur Aschekonzentration über Island stünden? Bei sonnigem Frühjahrswetter über Deutschland ruhte der gesamte Flugverkehr, und ironischerweise verstand niemand so recht, wieso der strahlend blaue Himmel plötzlich so bedrohlich geworden war. Es gab keine dunklen Wolken, die den Himmel verfinsterten, oder gar panische Menschen, die vor ätzenden Schwefelgasen flüchteten – und doch erfüllte Angst den Luftraum.

Ratlose Politiker verwiesen auf einberufene Kommissionen, und diese wiederum stützten sich auf die Meinung achselzuckender Experten, die in Sondersendungen erklärten, dass noch viele Messungen nötig seien, bis man abschließend Entwarnung geben könne. Die Bedrohung sei gegeben, auch wenn sie für uns Laien unsichtbar sei. Man präsentierte den Wartenden bunte Computermodelle, welche die Ausbreitung der Asche in unterschiedlichen Höhen zeigten, und versprach uns baldige Messungen und verbindliche Grenzwerte.

Als EU-Kommissionen Umsatzausfälle in Milliardenhöhe meldeten, wurde es den Unternehmern dann doch zu bunt, und kurzerhand hob man das Flugverbot wieder auf, ohne wirklich mehr zu wissen. Da in den folgenden Wochen die Flugzeuge noch immer nicht vom Himmel fielen, akzeptierten selbst die Experten die Rückkehr zur Normalität: Geowissenschaftler rehabilitierten ihre Zunft und bestätigten, dass es sie dennoch gab, die Asche aus Island. Bei einer Korngröße von weniger als 0,01 Millimetern enthielt ein Kubikmeter

Luft etwa 60 Mikrogramm Asche. Die Staubmenge entsprach einer Kinderschaufel voll Staub verteilt über die ganze Göttinger Innenstadt!

Der isländische Vulkan reiht sich somit in die endlose Liste an Erklärungen und Ausreden ein, die man uns Laien allzu gerne präsentiert. Es spielt dabei keine Rolle, ob es sich um Zugverspätungen, steigende Benzinpreise, fallende Aktienkurse oder die überbordende Staatsverschuldung handelt. Es gibt immer Erklärungen: Einmal sind es die ausbleibenden Regenfälle im Westen der USA, einmal die stockenden Arbeitsmarktzahlen in Südostasien oder die zögerlichen Wachstumsprognosen aus Japan. In unserer komplizierten und undurchsichtigen Industriegesellschaft scheint sich das einfache Gesetz von Ursache und Wirkung ohnehin allmählich aufzulösen. Das Ergebnis ist eine entmündigende Ohnmacht. Trotz aller Aufklärung und scheinbarer Rationalität macht sich eine gefährliche Gutgläubigkeit breit.

Wenn es so weitergeht, bringt irgendwann noch ein umgefallener Sack Reis in China die Weltwirtschaft ins Wanken!

Fragen
ohne Antwort

We shall not cease from exploration.
And the end of all our exploring
Will be to arrive where we started
And know the place for the first time
T. S. Eliot: Four Quartets, Little Gidding

99 Kleinen Kindern sagt man nach, dass sie erfüllt sind von der Lust am Fragen, und überall auf der Welt mühen sich Eltern ihrem Nachwuchs die Antwort auf das »Warum?« zu geben, doch statt der Stille der Einsicht folgt ein weiteres »Warum?«.

Offensichtlich sind all unsere Antworten unbefriedigend, denn sie stillen niemals den Hunger unserer Neugier. Ärzte beantworten die Fragen ihrer Patienten mit einem lateinischen Fachbegriff, Physiker schreiben eine Formel auf die Tafel, Psychologen antworten mit einer weiteren Frage, nur Liebende schweigen und küssen sich.

Viele Antworten sind allenfalls Scheinantworten, die uns für den Moment beruhigen und auf den ersten Blick schlüssig erscheinen. Im 7. Kapitel von »Alice im Wunderland« nimmt Alice an einer verrückten Teegesellschaft teil. In der Runde stellt ihr der Märzhase die Frage: »Why is a raven like a writing desk?« (»Warum ist ein Rabe wie ein Schreibtisch?«), doch die Frage wird im Buch nicht beantwortet. »Des Hutmachers Rätsel«, wie die Frage häufig genannt wird, beschäftigte einige kluge Köpfe. In seinem Buch »Annotated Alice« gibt Martin

Gardner eine bemerkenswerte Antwort auf das Rätsel. Sie lautet:

»Because there is a ›b‹ in ›both‹.« (»Weil ein ›b‹ in ›beiden‹ ist.«)

Vielleicht brauchen Sie, wie ich, einen Augenblick, um den versteckten Humor der Antwort zu begreifen! Im gesamten englischen Satz »Why is a raven like a writing desk?« gibt es offensichtlich keinen einzigen Buchstaben »b«, doch buchstabieren Sie einmal das Wort »both« (»beiden«) ...

In vielen Bereichen des Lebens höre ich ähnliche Antworten, die zwar in sich schlüssig erscheinen, jedoch nicht auf die Sache *an sich* eingehen. Mit gigantischen Teilchenbeschleunigern suchen Physiker nach der Antwort auf die Frage, woraus unsere Materie aufgebaut ist. Genetiker sammeln mit riesigen Sequenzierapparaten das Buchstabenpuzzle unseres Erbguts zusammen, in der Hoffnung eines Tages das Geheimnis des Lebens zu entschlüsseln. Gehirnforscher durchleuchten die Nervenzellen unseres Gehirns mit hochauflösenden Kernspintomographen und wollen so unser Denken erklären, und Kosmologen blicken mit weltraumgestützten Teleskopen in die Tiefen des Universums und wollen auf diese Weise verstehen, wie alles begann.

Diese fleißige Neugier hat uns nebenbei unzählige Früchte beschert: elektrisches Licht, Zentralheizungen, Flugzeuge, Kopfschmerztabletten, Gummibänder, Plastiktüten, das Internet und Parkuhren. Die Anzahl der Innovationen ist so überwältigend, dass es für viele von uns nur eine Frage der Zeit ist, bis die Menschheit auf alles eine praktische Antwort gefunden hat.

Doch blickt man genauer hin, dann sind wir noch sehr weit von diesem Ziel entfernt. In jeder Disziplin eröffnen sich mit jedem Fortschritt neue, noch weitere Horizonte. Die scheinbare Beantwortung einer einzigen biologischen Frage überschüttet uns mit einem Regen neuer Rätsel. Hirnforscher beginnen allmählich zu erahnen, wie unerreichbar ihr selbst gesetztes Ziel ist, und Physiker und Kosmologen begreifen, dass der Aufbau des Universums wohl gänzlich anders ist als angenommen. Die Welt, die wir zu verstehen meinen, entpuppt sich als ein Bruchteil des grandiosen Schauspiels, das uns umgibt. Und schon ein einzelnes Sandkorn vereint in sich mehr Rätsel, als die gesamte Menschheit bislang gelöst hat.

Dennoch geben wir nicht auf. Wir fahren fort und befragen unser Umfeld mit unserer unstillbaren Neugier. Wie Kinder scheuen wir uns nicht, das »Warum?« immer und immer wieder auszusprechen, und machen uns auf die Suche nach einer Antwort – wie Bergsteiger, die einen in Nebel gehüllten, unsichtbaren Gipfel erreichen wollen. Generation für Generation geben wir die Staffel unserer Erkenntnis weiter. Wir überwinden Klippen und Spalten und bezwingen hohe Steilwände. Manchmal blicken wir nach unten und freuen uns über den Weg, den wir zurückgelegt haben, doch der Gipfel selbst entzieht sich stets unserem Blick. Wir schreiten weiter, weil wir es müssen, denn jede Antwort offenbart uns, trotz aller Demut, ein Stück Glückseligkeit.

Anmerkungen

1 Die beim längeren Kochen von Milch zu beobachtende Entwicklung einer Haut an der Oberfläche wird durch die hitzeinduzierte Denaturierung von Albumin verursacht. Andere Proteine, wie zum Beispiel Kasein, werden durch Säure ausgefällt, siehe Wikipedia-Eintrag »Milch«.

2 In der Luft breitet sich der Schall mit rund 340 m/s aus; das entspricht 1224 km/h. Unter Wasser schafft der Schall 1464 m/s (= 5270,4 km/h). Die Wellenlänge ist hingegen vom Medium unabhängig. Dies hat zur Folge, dass sich die Tonhöhe »automatisch« ändern muss, wenn sich die Geschwindigkeit des Schalls ändert.

3 Frank S. Crawford: »The hot chocolate effect«, American Journal of Physics, May 1982, Volume 50, issue 5, S. 398–404.

4 Siehe The Physics Teacher, Vol. 45, No. 5, May 2007, S. 270–273.

5 S. A. Shumake, R. T. Sterner, S. E. Gaddis: »Repellents to reduce cable gnawing by northern pocket gophers«, Wildlife Damage Management, Internet Center for USDA National Wildlife Research Center – Staff Publications, 1999.

6 Zur genauen mathematischen Ableitung des Wärmetransports in einem Ei siehe http://newton.ex.ac.uk/teaching/cdhw/egg/CW061201-1.pdf, Zugriff 8.9.2010. Zur Chemie der Eiweiße und ihrer Denaturierung siehe Food Technology, Vol. 38, No. 5. May 1984, S. 67–96, im Internet unter http://albumen.conservation-us.org/library/c20/gossett1984.html, Zugriff 8.9.2010.

7 Siehe http://www.leifiphysik.de/web_ph09/umwelt_technik/07dampfdruck/dampfdruck.htm, Zugriff 8.9.2010.

8 Siehe Rolf K. Eckhoff: Dust Explosions in the Process Industries. Boston: Gulf Professional Publishing/Elsevier, 32003, S. 157 ff.

9 Siehe Münchener Rück Schadenspiegel 1/2008, Themenheft Risikofaktor Luft.

10 Natriumhydrogencarbonat wird seit langer Zeit in der Lebensmitteltechnik als Backtriebmittel (im Backpulver zusammen mit Natriumhydrogenphosphat) und als Feuerlöschpulver genutzt.

$$2\ NaHCO_3 \xrightarrow{\text{Wärme}} Na_2CO_3 + CO_2 + H_2O$$

Durch Hitze und Feuchtigkeit reagiert das Natron mit der Säure und setzt Kohlenstoffdioxyd (CO_2) frei, wodurch kleine Gasbläschen entstehen und der Teig aufgelockert wird.

11 Brandklasse A: Brände von festen Stoffen, hauptsächlich organischer Natur, zum Beispiel Holz, Papier, Stroh, Textilien, Kunststoffe, Autoreifen. Brandklasse B: Brände von flüssigen oder flüssig werdenden Stoffen, zum Beispiel Benzin, Öle, Fette, Harze, Lacke, Wachse, Teer, Alkohole. Brandklasse C: Brände von Gasen, zum Beispiel Methan, Propan, Wasserstoff, Acetylen, Stadtgas, Erdgas. Brandklasse D: Brände von Metallen, zum Beispiel Aluminium, Magnesium, Lithium, Natrium, Kalium und deren Legierungen.

12 Eine Tabelle mit Korngrößen und Fallgeschwindigkeiten findet man unter http://www.hagelforschung.de/berichte/hagel_skala/hric_his_01.pdf, Zugriff 8.9.2010.

13 G. Gibson, I. Russell: »Flying in Tune: Sexual Recognition in Mosquitoes«, Current Biology Vol. 16, issue 13, S. 1311–1316, July 11, 2006, ª2006 Elsevier Ltd. All rights reserved DOI 10.1016/j.cub.2006.05.053.

14 I. R. Schwab (University of California, Davis, Department of Ophthalmology): »Cure for a headache«, British Journal of Ophthalmology 2002; 86 (8): 843.

15 Quellen: Ingo Keiper: Qualitative und quantitative bakteriologische und virologische Untersuchungen zur Erhebung des Hygienestatus verschiedener öffentlicher Toilettenanlagen einer südwestdeutschen Großstadt (Dissertation der FU Berlin, 2002); M. A. Marinella et al.: »The Stethoscope: A Potential Source of Nosocomial Infection?«, Arch Intern Med. Vol. 157, No. 7, 1997, S. 786–790 (Archives of Internal Medicine).

16 W. Barthlott: »Scanning electron microscopy of the epidermal surface in plants«, in Claugher, D. (Hg.): Application of the scanning EM in taxonomy and functional morphology. Systematics Association's Special Volume 41, Oxford: Clarendon Press, 1990, S. 69–94.

17 Vergleiche Wikipedia-Eintrag »Entwaldung« sowie http://nachrichten.t-online.de/wwf-jede-minute-werden-36-fussballfelder-waldflaeche-vernichtet/id_20332732/index, Zugriff 13.9.2010.

18 Diese Überflüge lassen sich präzise vorhersagen, siehe http://www.heavens-above.com/, Zugriff 8.9.2010.

19 Quelle: Weser Kurier Bremen 15.1.2004.

20 Siehe A. Goriely, T. McMillen (Department of Mathematics, University of Arizona, Tucson, Arizona): »Shape of a Cracking Whip«, Physical Review Letters, Vol. 88, issue 24, 244301 (Juni 2002), 4 Seiten.

21 Aufnahmen von Dr. Peter Krehl (Ernst-Mach-Institut für Kurzzeitdynamik der Fraunhofer-Gesellschaft in Freiburg im Breisgau) aus dem o. g. Paper der University of Arizona.

22 Siehe http://www.newscientist.com/article/dn227-swallowing-ships.html, Zugriff 8.9.2010.

23 Diese Information stammt aus einer E-Mail an den Autor von Prof. Dr.-Ing. Martin Radenberg, Ruhr-Universität Bochum, Lehrstuhl für Verkehrswegebau.

24 Im Oktober 1971 führten die beiden Physiker Joseph Hafele und Richard Keating von der Time Service Division des US Naval Observatory diesen Versuch durch.

25 Bei diesem Experiment haben wir sowohl die Erdrotation als auch die Flughöhe mit berücksichtigt. Laut allgemeiner Relativitätstheorie wird die Zeit auch über das Gravitationsfeld beeinflusst: Je höher die Uhr – desto schneller läuft die Zeit!

26 Vortrag Public Understanding of Science, Tim Bradford (»The Guardian«), Bonn 1997.

27 Der Begriff »blue ice« hat mit der bläulichen Färbung des Eises zu tun. Sie stammt von Desinfektionsmitteln (zum Beispiel Urbaktol), die in älteren Systemen in weit höheren Konzentrationen verwendet wurden. Dank eines Recyclingprinzips wurde ein Gemisch aus Desinfektionsmitteln und Fäkalien als Spülung benutzt. Zu Beginn des Fluges war die Spülung noch dunkelblau, und nach mehrmaligem Gebrauch wurde die Farbe auffällig heller!

28 Interessanterweise wird das Abwasser der Waschbecken noch immer nach außen geleitet – dies soll jedoch in Zukunft ebenfalls geändert werden.

29 Nach eigener Berechnung beträgt die Druckdifferenz etwa 0,33 Bar, also 0,3 kg/cm²; das entspricht einer Beschleunigung von 0,3 Gramm, also 3,23 m/s². Dieser Wert bedeutet eine Beschleunigung von 0 auf 100 km/h in 8,3 s. Die hohe Beschleunigung wurde mir auch von Herrn Bollmann (Deutsche Lufthansa) bestätigt: Bei Tests der LH wurden Tücher durch die Abflussrohre gesendet. Die Erschütterungen waren so heftig, dass in den Abwasserrohren zusätzliche Stabilisatoren eingebaut wurden!

30 Übersetzung: Ranga Yogeshwar.

31 Siehe http://www.focus.de/digital/internet/markenschutz_aid_113750.html, Zugriff 8.9.2010.

32 Quelle: David Koller, siehe Internet-Eintrag »Origin of the name ›Google‹« unter http://www.graphics.stanford.edu/~dk/google_name_origin.html, Zugriff 8.9.2010.

33 Siehe http://www.kinderfuesse.com/pdf/oekotest.pdf, Zugriff 8.9.2010.

34 Siehe http://www.kinderfuesse.com/2faq.asp?lev=wort2&a=b6, Zugriff 8.9.2010.

35 F. W. Nietzsche: Also sprach Zarathustra (»Die stillste Stunde«).

36 Den sogenannten »Vigilanztest« gibt es auch als Online-Version bei »Quarks & Co«: http://www.wdr.de/tv/quarks/sendungsbeitraege/2007/0109/007_schlaf.jsp, Zugriff 8.9.2010.

37 Laut einer These ist die Produktion von Stammzellen ein Kriterium, siehe E. K. Nishimura et al.: »Mechanisms of Hair Greying: Incomplete Stem Cell Maintenance in the Niche«, Science 4, Feb. 2005, Vol. 307, No. 5710, S. 720–724, DOI: 10.1126/science.1099593.

38 Siehe http://www.anythingleft-handed.co.uk/lefty_research_current.html, Zugriff 17.9.2010.

39 Siehe http://www.businessweek.com/2000/00_17/b3678084.htm, Zugriff 8.9.2010, vergleiche auch Edward Chancellor: Devil Take the Hindmost. A History of Financial Speculation. New York: Plume Books, 2000.

40 Siehe NATURE, Vol. 461, 29. Okt. 2009, S. 1189–1192.

41 Fragebogenuntersuchung bei Lehrerinnen und Lehrern zur Frage, ob Vorurteile bezüglich spezifischer Vornamen von Grundschülern und davon abgeleitete erwartete spezifische Persönlichkeitsmerkmale vorliegen (Masterarbeit). Kontakt: Prof. Dr. Astrid Kaiser, Institut für Pädagogik, Universität Oldenburg.

42 Siehe http://web.uvic.ca/psyc/lindsay/publications/2003LindHagPS.pdf, Zugriff 8.9.2010.

43 2006 lag der Anteil der Kaiserschnitte bei 277 pro 1000 Lebendgeburten! Siehe OECD Health Data unter http://www.gbe-bund.de/gbe10/ergebnisse.prc_tab?fid=9142&suchstring=kaiserschnitt&query_id=&sprache=D&fund_typ=TAB&methode=2&vt=1&verwandte=1&page_ret=0&seite=1&p_lfd_nr=2&p_news=&p_sprachkz=D&p_uid=gast&p_aid=1013688&hlp_nr=3&p_janein=J, Zugriff 8.9.2010.

44 Siehe http://www.pitztaler-gletscher.at, Zugriff 17.9.2010.

45 Siehe Broschüre des Umweltbundesamtes: »Computer, Internet & Co: Geld sparen und Klima schützen«, Feb. 2009.

46 Siehe US-Studie unter http://technology.timesonline.co.uk/tol/news/tech_and_web/ article5489134.ece, Zugriff 8.9.2010.

47 Siehe http://www.ayurveda-journal.de/produkte-buecher/weitere-produkte/yogeshwar-gelenkoel.html, Zugriff 8.9.2010.

48 Siehe http://www.absolute-entspannung.de/ohrenkerzen-therapie-mit-hopi-kerzen/, Zugriff 8.9.2010.

49 Siehe http://www.heise.de/newsticker/World-of-Warcraft-bis-ins-Koma-178008.html, Zugriff 8.9.2010.

50 Vergleiche die Studie von Prof. Dr. Reinhold S. Jäger und Nina Moormann, cand.-psych., unter Mitarbeit von Lisa Fluck, zu Merkmalen pathologischer Computerspielnutzung im Kindes- und Jugendalter, im Internet unter http://www.zepf.uni-landau.de/fileadmin/ user_upload/Bericht_Computerspielnutzung.pdf, Zugriff 17.9.2010.

Ranga Yogeshwar. Sonst noch Fragen? Warum Frauen kalte
Füße haben und andere Rätsel des Alltags. KiWi 1103
Verfügbar auch als ☐Book

Warum funkeln Sterne? Wieso bekommt man Gänsehaut?
Was passiert beim Niesen? In diesem Buch beantwortet
Ranga Yogeshwar 108 spannende und unterhaltsame Fra-
gen aus allen Bereichen unseres Lebens.

»Täglich machen wir Beobachtungen und fragen nach
den Ursachen. Ranga Yogeshwar gibt verständliche Erklärungen.« *Peter Grünberg, Physik-Nobelpreisträger 2007*

www.kiwi-verlag.de

Wie gut ist Ihre Allgemein- bildung?

zum Mitmachen

KiWi
PAPERBACK

Der große
SPIEGEL-
Wissenstest

Martin Doerry / Markus Verbeet (Hg.) SPIEGEL ONLINE

Martin Doerry / Markus Verbeet (Hg.). Wie gut ist Ihre All-
gemeinbildung? Der große SPIEGEL-Wissenstest. KiWi 1162

Deutschlands größter Wissenstest: 150 Fragen, ausgewählt
von der SPIEGEL-Redaktion, aus fünf Fachgebieten – Politik,
Geschichte, Wirtschaft, Kultur und Naturwissenschaften.
Hunderttausende haben schon mitgemacht, um ihre Allge-
meinbildung zu überprüfen. Trauen Sie sich auch?

www.kiwi-verlag.de

Helmut Schmidt / Giovanni di Lorenzo

Auf eine Zigarette
mit **Helmut
Schmidt**

Helmut Schmidt / Giovanni di Lorenzo. Auf eine Zigarette
mit Helmut Schmidt. KiWi 1158. Verfügbar auch als eBook

Politik, Privates und erlebte Geschichte – die schönsten
»Zeit«-Gespräche mit dem berühmtesten Raucher der Republik. Diese Ausgabe enthält fünf bisher in Buchform
unveröffentlichte Gespräche, u. a. zu den Feierlichkeiten
rund um Helmut Schmidts 90. Geburtstag.

»Diese kleinen, wunderbaren, eitlen, subversiven, überraschenden, oft politisch und zeithistorisch bemerkenswerten und sehr unterhaltsamen Interviews gibt es jetzt
dankenswerterweise als Buch.« *Süddeutsche Zeitung*

www.kiwi-verlag.de

Bastian Sick. Der Dativ ist dem Genitiv sein Tod. Ein Weg-
weiser durch den Irrgarten der deutschen Sprache.
Die Zwiebelfisch-Kolumnen. Folge 1-3 in einem Band.
Sonderausgabe. KiWi 1072

»Der Dativ ist dem Genitiv sein Tod« ist eines der erfolg-
reichsten Bücher der letzten Jahre. Mit Kenntnisreichtum
und Humor hat Bastian Sick uns durch den Irrgarten der
deutschen Sprache geführt. Jetzt sind erstmalig die drei
Folgen in einem Band versammelt und mit einem neuen,
alle Bände umfassenden Register versehen worden.

www.kiwi-verlag.de